Kac 統計的独立性

Mark Kac 著　高橋陽一郎 監修　高橋陽一郎・中嶋眞澄 訳

数学書房

Statistical Independence in Probability,
Analysis and Number Theory
by Marc Kac, 1959.

序文

師 H. シュタインハウスに本書を捧ぐ

　1955 年夏に開催されたアメリカ数学協会の総会においてヒードリクス講演を行うという特典を与えられた．しばらく後に，カーラス叢書編集委員会を代表してラドー教授より講演を単行本にまとめるようにお薦めいただいた．たいへん嬉しい出来事であった．

　ほとんど同じ頃，光栄にもハヴァフォード・カレッジからフィリップス客員プログラムによる連続講演を依頼された．この招聘により，私は単行本の素案を"生の"聴衆に問う機会を得た．本書は，1958 年春のハヴァフォード・カレッジにおける講義に少し手を入れたものである．

　当初のヒードリクス講演の主目的は，この拡大版と同じく，次のことを示すことであった．

 (a)　極めて単純な観察がしばしば豊かで実り多い理論の出発点となる．

 (b)　多くの無関係に見える展開が実は 1 つの単純な主題の多面性である．

　最終章で扱ったエルゴード定理を連分数にという壮大な応用を除いて，本書の主題は統計的独立性である．

　確率論に起源を発するこの概念は，長い間曖昧なままに扱われ，由緒正しき数学の概念であるかに関しては疑念の目を向けられて来た．

　現在，われわれは，一般的で抽象的な言葉によって統計的独立性を定義する術を知っている．しかし，一般化と抽象化という現代の潮流は，もともとのアイデアの簡明さを包み隠しがちであるだけでなく，確率論のアイデアを他分野に適用する可能性をも埋もれさせている．

本文では，その簡明な形が数学の諸分野に渡ってさまざまな文脈で立ち現れていることを示して，統計的独立性を抽象化による忘却の彼方から救出することを試みた．

読者に期待する予備知識は，ルベーグの測度論・積分論，フーリエ積分の初歩および整数論の基礎である．それ以上は要求したくなかったので，専門技術的な詳細に深入りして話の流れを淀ませないために証明を省いたところもある．

その省略をお詫びするとともに，証明を自分で補いたくなるほどに読者が本書の主題に興味を抱かれることを願っている．また，自己完結的との詐称にならないように参考文献を付け加えた．

また，本書全体に渡って多くの問題も付けた．これらの問題の多くはたいへんむずかしく，読者は，少しの努力で解けなくても落胆しないでいただきたい．

ハヴァフォード・カレッジのC.O. オウクリー教授とR.J. ウィズナー氏のご尽力のすばらしさにお礼を申し上げたい．お陰でイサカからハヴァフォードへに移動する億劫さが楽しみとなった．

ペンシルバニア大学教授H. ラーデマヒェル教授とブリン・モール・カレッジのジョン・オクストビ教授に講義を聴いていただけたのは幸運であった．その批評とご示唆と絶え間ない励ましはかけがえのないものであり，両教授に負うところは大きい．

コーネル大学の同僚H. ウィドム教授とM. シュライバー教授には原稿を読み，多くの修正や改良を提案していただいた．そのご助力に心からの謝意を表する．

また，"モルモット役"に担ってくれたハヴァフォードおよびブリン・モールの学部学生諸君にも謝意を述べたい．とくに，J. レイル君には参考文献のまとめとゲラの校正をしてもらった．

最後になってしまったが，ほとんど読解不能な私のノートから原稿をタイプするという不可能とも思えた仕事をこなしていただいたハヴァフォード・カレッジのアクセソン夫人とコーネル大学数学教室のマーチン嬢に謝意を表

する．
　ニューヨーク州イサカにて
1959 年 9 月

マーク・カッツ

Mark Kac

目 次

序文 ... i

第 1 章 ヴィエトから統計的独立性の概念へ ... 1
  1.1 ヴィエトの公式 ... 1
  1.2 ヴィエトの公式を見直す ... 2
  1.3 偶然か，それとも何かの始まりか ... 4
  1.4 $\left(\frac{1}{2}\right)^n = \frac{1}{2} \times \cdots \times \frac{1}{2}$ (n 回) ... 6
  1.5 表か裏か？ ... 7
  1.6 独立と「独立」 ... 9
  演習問題 ... 11

第 2 章 ボレルとその後 ... 13
  2.1 「大数の法則」 ... 13
  2.2 ボレルと正規数 ... 15
  演習問題 ... 18
  2.3 表か裏か：より抽象的な定式化 ... 22
  2.4 抽象化の対価 ... 24
  2.5 例 1. ランダム符号付き級数の収束 ... 25
  2.6 例 2. ランダム符号付き級数の発散 ... 31
  演習問題 ... 34
  参考文献 ... 35

第 3 章 正規法則 ... 36
  3.1 ド・モアブル ... 36

3.2	着想	37
3.3	マルコフの方法の厳密化	38
	演習問題	40
3.4	マルコフの方法を見直す	41
	演習問題	43
3.5	自然法則か，それとも，数学の定理か？	46
	演習問題	51
	参考文献	52

第 4 章　素数は賽を振る　　53

4.1	数論的関数，密度，独立性	53
4.2	オイラーの関数 ϕ の統計学	54
	演習問題	61
4.3	もうひとつ，応用	64
4.4	ほとんどすべての整数 m は約 $\log\log m$ 個の素因数を持つ．	70
	演習問題	73
4.5	数論における正規法則	74
	演習問題	77
	参考文献	78

第 5 章　気体分子運動論から連分数へ　　79

5.1	気体分子運動論のパラドックス	79
5.2	準備	80
5.3	ボルツマンの回答	83
5.4	抽象的な定式化	84
5.5	エルゴード定理と連分数	88
	演習問題	91
	参考文献	93

著者紹介　　95

珠玉の1冊	99
補遺：用語の解説と補足	110
訳者あとがき	129
索引	132

第1章

ヴィエトから統計的独立性の概念へ

1.1 ヴィエトの公式

簡単な三角法の話から始めよう．次のような変形ができる．

$$\begin{aligned}
\sin x &= 2 \sin \frac{x}{2} \cos \frac{x}{2} \\
&= 2^2 \sin \frac{x}{4} \cos \frac{x}{4} \cos \frac{x}{2} \\
&= 2^3 \sin \frac{x}{8} \cos \frac{x}{8} \cos \frac{x}{4} \cos \frac{x}{2} \\
&\qquad \vdots \\
&= 2^n \sin \frac{x}{2^n} \prod_{k=1}^{n} \cos \frac{x}{2^k}.
\end{aligned} \qquad (1.1.1)$$

微分法の初歩より，$x \neq 0$ に対して，

$$1 = \lim_{n\to\infty} \frac{\sin \dfrac{x}{2^n}}{\dfrac{x}{2^n}} = \frac{1}{x} \lim_{n\to\infty} 2^n \sin \frac{x}{2^n}$$

であるから，

$$\lim_{n\to\infty} 2^n \sin \frac{x}{2^n} = x. \qquad (1.1.2)$$

(1.1.1), (1.1.2) より，次の公式を得る．

(1.1.3)
$$\frac{\sin x}{x} = \prod_{k=1}^{\infty} \cos \frac{x}{2^k}$$

この (1.1.3) の特別な場合はとりわけ興味深く，$x = \pi/2$ のとき，

(1.1.4)
$$\frac{2}{\pi} = \prod_{n=1}^{\infty} \cos \frac{\pi}{2^{n+1}}$$
$$= \frac{\sqrt{2}}{2} \cdot \frac{\sqrt{2+\sqrt{2}}}{2} \cdot \frac{\sqrt{2+\sqrt{2+\sqrt{2}}}}{2} \cdot \cdots$$

となる．これは，古典的なヴィエト (Viète) の公式である．

1.2　ヴィエトの公式を見直す

これまでは，直截でなじみ深いものであった．

ここでは，(1.1.3) を別の観点より眺めてみよう．

すべての実数 t は，$0 \leq t \leq 1$ のとき，一意的に

(1.2.5)
$$t = \frac{\varepsilon_1}{2} + \frac{\varepsilon_2}{2^2} + \cdots$$

と表わされる．ここで，$\varepsilon_1, \varepsilon_2, \cdots$ は 0 または 1 である．

これは良く知られた t の **2 進展開**である．ここでは，展開の一意性を保証するために，ある桁から先で無限に続くのは 0 としておく．つまり，たとえば，

$$\frac{3}{4} = \frac{1}{2} + \frac{0}{2^2} + \frac{1}{2^3} + \frac{1}{2^4} + \cdots$$

とは書かずに，

$$\frac{3}{4} = \frac{1}{2} + \frac{1}{2^2} + \frac{0}{2^3} + \frac{0}{2^4} + \cdots$$

と書くことにする．

各桁 ε_i は，もちろん t の関数であるので，(1.2.5) のより適切な書き方は，

(1.2.6)
$$t = \frac{\varepsilon_1(t)}{2} + \frac{\varepsilon_2(t)}{2^2} + \frac{\varepsilon_3(t)}{2^3} + \cdots$$

である．このとき，$\varepsilon_1(t), \varepsilon_2(t), \varepsilon_3(t), \cdots$ のグラフは次のようになる．

次式で定義される関数 $r_k(t)$ を導入すると，より便利である．

(1.2.7) $$r_k(t) := 1 - 2\varepsilon_k(t), \quad k = 1, 2, 3, \cdots$$

そのグラフは次のようになる．

これらの関数は，H. ラーデマヒェル (H.Rademacher) が導入して研究したので，ラーデマヒェル関数として知られている．$r_k(t)$ を使うと，(1.2.6) は

(1.2.8) $$1 - 2t = \sum_{k=1}^{\infty} \frac{r_k(t)}{2^k}$$

と書ける．

さて，
$$\int_0^1 e^{ix(1-2t)} dt = \frac{\sin x}{x}$$
$$\int_0^1 \exp\left(ix\frac{r_k(t)}{2^k}\right) dt = \cos\frac{x}{2^k}$$

に注意しよう．

これより，(1.1.3) は，
$$\frac{\sin x}{x} = \int_0^1 e^{ix(1-2t)} dt = \int_0^1 \exp\left(ix \sum_{k=1}^{\infty} \frac{r_k(t)}{2^k}\right) dt$$
$$= \prod_{k=1}^{\infty} \cos\frac{x}{2^k} = \prod_{k=1}^{\infty} \int_0^1 \exp\left(ix\frac{r_k(t)}{2^k}\right) dt$$

の形となり，とくに，

$$(1.2.9) \qquad \int_0^1 \prod_{k=1}^\infty \exp\left(ix\frac{r_k(t)}{2^k}\right) dt = \prod_{k=1}^\infty \int_0^1 \exp\left(ix\frac{r_k(t)}{2^k}\right) dt$$

が成り立ち，積の積分が積分の積となる！

1.3 偶然か，それとも何かの始まりか

(1.2.9) は偶然の出来事であろうか．事の本質に近づくまでは，その通りである．

次の関数を考えよう．

$$\sum_{k=1}^n c_k r_k(t)$$

これは，区間

$$\left(\frac{s}{2^n}, \frac{s+1}{2^n}\right), \quad s = 0, 1, \cdots, 2^n - 1$$

の上でそれぞれ一定の値をとる階段関数であり，それらの値は，

$$\pm c_1 \pm c_2 \pm \cdots \pm c_n$$

の形をしている．ここで，(n 個の) $+1, -1$ の並び方は区間 $(s/2^n, (s+1)/2^n)$ と 1 対 1 に対応する．したがって，

$$\int_0^1 \exp\left[i\sum_1^n c_k r_k(t)\right] dt = \frac{1}{2^n} \sum_\pm \exp\left(i\sum_1^n \pm c_k\right)$$

ここで，右辺の外側の和は，$+1$ と -1 からなるすべての (長さ n の) 列についての和を表わす．

このとき，

$$\frac{1}{2^n} \sum_\pm \exp\left(i\sum_1^n \pm c_k\right) = \prod_{k=1}^n \left(\frac{e^{ic_k} + e^{-ic_k}}{2}\right) = \prod_{k=1}^n \cos c_k$$

であるから,

(1.3.10) $$\int_0^1 \exp\left[i\sum_1^n c_k r_k(t)\right] dt = \prod_{k=1}^n \cos c_k$$
$$= \prod_{k=1}^n \int_0^1 e^{ic_k r_k(t)} dt$$

となる.ここで,

$$c_k = \frac{x}{2^k}$$

とおくと,

$$\int_0^1 \exp\left(ix\sum_1^n \frac{r_k(t)}{2^k}\right) dt = \prod_{k=1}^n \cos\frac{x}{2^k}$$

となり,

$$\lim_{n\to\infty} \sum_0^n \frac{r_k(t)}{2^k} = 1 - 2t$$

は区間 $(0,1)$ で一様に収束するので,

$$\frac{\sin x}{x} = \int_0^1 e^{ix(1-2t)} dt = \lim_{n\to\infty} \int_0^1 \exp\left(ix\sum_1^n \frac{r_k(t)}{2^k}\right) dt$$
$$= \lim_{n\to\infty} \prod_{k=1}^n \cos\frac{x}{2^k}$$
$$= \prod_{k=1}^\infty \cos\frac{x}{2^k}$$

を得る.

以上で,(1.1.3) の別証明が得られた.1.1 節の証明よりも,良い証明ではないだろうか?

この証明は,より複雑ではあるが,より教育的であり,ヴィエトの公式を 2 進展開に結びつけている.

2 進展開のもつ性質の何が,この証明と噛み合うのであろうか?

1.4 $\left(\dfrac{1}{2}\right)^n = \dfrac{1}{2} \times \cdots \times \dfrac{1}{2}$ (n 回)

条件
$$r_1(t) = +1, \quad r_2(t) = -1, \quad r_3(t) = -1$$
をみたす t の集合を考えてみよう．

r_1, r_2, r_3 のグラフを見れば，この集合は (端点を除いて)，区間 $(3/8, 4/8)$ に他ならない．

この区間の長さ (測度) は，明らかに $1/8$ であり，また，
$$\frac{1}{8} = \frac{1}{2} \cdot \frac{1}{2} \cdot \frac{1}{2}$$
である．

この自明な観察は，次の形に書ける．
$$\mu\{r_1(t) = +1, r_2(t) = -1, r_3(t) = -1\}$$
$$= \mu\{r_1(t) = +1\}\, \mu\{r_2(t) = -1\}\, \mu\{r_3(t) = -1\}$$
ここで，μ は，中括弧内の条件をみたす集合の測度 (長さ) を表わす．

これを任意個の r_i に一般化することは難なくできて，$\delta_1, \cdots, \delta_n$ が $+1$ と -1 からなる列のとき，
$$\mu\{r_1(t) = \delta_1, \cdots, r_n(t) = \delta_n\}$$
$$= \mu\{r_1(t) = \delta_1\}\, \mu\{r_2(t) = \delta_2\} \cdots \mu\{r_n(t) = \delta_n\}$$
となる．それは単に，
$$\left(\frac{1}{2}\right)^n = \frac{1}{2} \times \frac{1}{2} \times \cdots \times \frac{1}{2} \quad (n \text{ 回})$$
を複雑な形で書いただけのように見えるかもしれない．しかし，じつはそれ以上のものであり，関数 $r_k(t)$ (したがって，2 進展開) の深い性質を表わしていて，豊かで実り多い発展への出発点なのである．この性質こそが，1.3 節

の証明の核心である．実際，(1.3.10) の証明は以下のようになる．

$$\int_0^1 \exp\left[i\sum_1^n c_k r_k(t)\right] dt$$
$$= \sum_{\delta_1,\cdots,\delta_n} \exp\left(i\sum_1^n c_k \delta_k\right) \mu\{r_1(t)=\delta_1,\cdots,r_n(t)=\delta_n\}$$
$$= \sum_{\delta_1,\cdots,\delta_n} \prod_1^n e^{ic_k\delta_k} \prod_1^n \mu\{r_k(t)=\delta_k\}$$
$$= \sum_{\delta_1,\cdots,\delta_n} \prod_{k=1}^n e^{ic_k\delta_k} \mu\{r_k(t)=\delta_k\}$$
$$= \prod_{k=1}^n \sum_{\delta_k} e^{ic_k\delta_k} \mu\{r_k(t)=\delta_k\}$$
$$= \prod_{k=1}^n \int_0^1 e^{ic_k r_k(t)} dt \ .$$

1.5　表か裏か？

初等的な硬貨投げの理論は，次の 2 つの仮定より始まる．

a.　硬貨投げは「公平」である．

b.　硬貨投げのくり返しは**独立**である．

最初の仮定は，硬貨を投げるとき，表が出るか裏が出るかは等確率で，すなわち，確率 $1/2$ ずつで起こることを意味している．第 2 の仮定は，「確率の乗法法則」を正当化するために使われる．この性質は，曖昧な言葉で述べれば，次のようなものである：

事象 $A_1,\cdots,A_n$ が**独立**のとき，これらが同時に起こる確率は，それぞれの起こる確率の積である．

言い換えれば，

(1.5.11)
$$\mathrm{Prob}\{A_1 \text{ かつ } A_2 \text{ かつ } \cdots \text{ かつ } A_n\}$$
$$= \mathrm{Prob}\{A_1\}\,\mathrm{Prob}\{A_2\}\cdots\mathrm{Prob}\{A_n\}$$

が成り立つ．

この法則 [(1.5.11)] を，独立で公平な硬貨投げに適用すると，長さ n のいかなる表と裏の列 (たとえば，表表裏裏 $\cdots$ 裏) に対しても，その確率は，

$$\frac{1}{2} \times \frac{1}{2} \times \cdots \times \frac{1}{2} = \frac{1}{2^n}$$

となる．これは，1.4 節の結論とまったく同じであるので，関数 $r_k(t)$ を公平な硬貨投げ上げのモデルとして使うことができる．それを実行するために，次の辞書を用意する．

表	$+1$
裏	-1
k 回目の結果	$r_k(t), \quad k = 1, 2, \cdots$
事象の確率	事象と対応する t の集合の測度

この辞書の使い方を理解するために，次の問題を考えよう：公平な硬貨投げを n 回くり返すとき，ちょうど l 回表が出る確率を求めよ．辞書を使って，この問題を翻訳すると，次のようになる．

$r_1(t), r_2(t), \cdots, r_n(t)$ のうち，ちょうど l 個が $+1$ となる t の集合の測度を求めよ．

この問題は，今後，(見かけはさまざまだが) 何回も出合うことになるただ 1 つの方法を使って，(組合せ論によらずに) 次のようにして解くことができる．

まず最初に，$r_1(t), r_2(t), \cdots, r_n(t)$ の中で，ちょうど l 個が 1 に等しいという条件は，

(1.5.12) $$r_1(t) + r_2(t) + \cdots + r_n(t) = 2l - n$$

と同値であることに注意しよう．

次に，整数 m に対して，

(1.5.13) $$\frac{1}{2\pi} \int_0^{2\pi} e^{imx} dx = \begin{cases} 1 & m = 0 \\ 0 & m \neq 0 \end{cases}$$

が成り立つから，

$$(1.5.14) \quad \phi(t) = \frac{1}{2\pi}\int_0^{2\pi} e^{ix[r_1(t)+r_2(t)+\cdots+r_n(t)-(2l-n)]}dx$$

は，(1.5.12) の成り立つとき，1 に等しく，それ以外のときは，0 に等しい．したがって，

$$\mu\{r_1(t)+\cdots+r_n(t)=2l-n\} = \int_0^1 \phi(t)dt$$
$$= \int_0^1 \frac{1}{2\pi}\int_0^{2\pi} e^{ix[r_1(t)+\cdots+r_n(t)-(2l-n)]}dxdt$$
$$= \frac{1}{2\pi}\int_0^{2\pi} e^{-i(2l-n)x}\left(\int_0^1 e^{ix[r_1(t)+\cdots+r_n(t)]}dt\right)dx$$

となる．(最後の段では積分順序の変更を行っている．それは，ふつうはフビニ (Fubini) の定理を用いて正当化されるが，この場合は，$r_1(t)+\cdots+r_n(t)$ が階段関数であるから，正当性は明らかである．)

ここで，(1.3.10) を思い出し，$c_1 = c_2 = \cdots = c_n = x$ とおくと，

$$(1.5.15) \quad \mu\{r_1(t)+\cdots+r_n(t)=2l-n\}$$
$$= \frac{1}{2\pi}\int_0^{2\pi} e^{-i(2l-n)x}\cos^n x\, dx$$

となる．右辺を計算すれば，

$$(1.5.16) \quad \mu\{r_1(t)+\cdots+r_n(t)=2l-n\} = \frac{1}{2^n}\binom{n}{l}$$

が得られるが，これは練習問題とする．

1.6　独立と「独立」

　独立性の概念は，確率論では中心的な重要性をもつ概念であるが，純粋に数学的な概念ではない．独立事象の確率の乗法法則は，この概念を定式化し，計算法を構築するための試みの 1 つである．互いに無関係に見える事象は独立と考えたくなるものである．それで，物理学者たちは，遠く離れたところ

で採った2つの標本について起こる事象は独立であると考える．(ノースダコタ州都ビスマルクと首都ワシントンDCで採った2つのサンプルについて，他にどのように考えられるだろうか？) そして，屈託なく，確率の乗法法則を使う．

不幸なことに，そのようにしているうちに，(無邪気に無意識的に) それが**厳密な論理的帰結**であるかのような心象が作り上げられてしまう．

本当は，独立性の**定義**と，特定の場合にその定義が適用可能であるという信仰 (もちろん経験と実験に支えられた) の問題である．

このように，曖昧で直感的な独立性があるとともに，狭いがきちんと定義されていて確率の乗法法則の適用できる「独立性」がある．

その曖昧で直感的な独立性の諸概念こそが，長きに亘って確率論の主要な動機であり，駆動力となった．

そして，荘厳な定式化が創出されても，数学者たちは，その定式化が適用可能な対象の範囲が明確ではなかったため[1]，(ごく一部の例外を除いて) これらから距離を置いて来た．

1909年になって，エミール・ボレル (Emile Borel) は，2進展開係数 $\varepsilon_k(t)$（ラーデマヒェル関数 $r_k(t)$ と言っても同じ）が「独立」であることを認識した (1.4節参照)．

ついに，独立事象に対する確率論が適用可能で，きちんと定義された対象があったのである．もはや，硬貨や事象や試行や実験に煩わされる恐れはなくなった．

ボレルの古典的な論文「可算的な確率とその数論への応用 (Sur les probabilités dénombrables et leurs applications arithmétiques)」の出現は，現代確率論の始まりであった．次章では，その理論の展開のいくつかの流れを考察する．

---

[1] 仮に，質量，力，加速度という言葉で書かれた微分方程式の教科書があったとして，力学などまったく知らない読者が手に入れたと想像してみよ．その豊かで純粋に数学的な内容は，この想定読者にとっては，無に等しきものであろう．

演習問題

1. $0 \leq t \leq 1$ なる t を 3 進展開
$$t = \frac{\eta_1(t)}{3} + \frac{\eta_2(t)}{3^2} + \frac{\eta_3(t)}{3^3} + \cdots \quad (\text{各 } \eta_k \text{ は } 0, 1, 2 \text{ のどれか})$$
すると，各 η_k は独立であることを示せ．

2. $$\frac{\sin x}{x} = \prod_{k=1}^{\infty} \frac{1 + 2\cos\dfrac{2x}{3^k}}{3}$$
を示して，一般化せよ．

3. $k_1 < k_2 < \cdots < k_s$ に対して，
$$\int_0^1 r_{k_1}(t) r_{k_2}(t) \cdots r_{k_s}(t) dt = 0$$
を示せ．

4. 正の偶数 $2n$ を 2 進展開して
$$2n = 2^{n_1} + 2^{n_2} + \cdots + 2^{n_k}, \quad 1 \leq n_1 < n_2 < \cdots < n_k$$
として，関数 $\omega_n(t)$ (Walsh–Kaczmarz 関数) を以下で定義する：
$$\omega_0(t) = 1$$
$$\omega_n(t) = r_{n_1}(t) \cdots r_{n_k}(t),\ n \geq 1$$
このとき，次を示せ．

(i) $\displaystyle\int_0^1 \omega_m(t) \omega_n(t) dt = \delta_{m,n}$

(ii) $f(t)$ が可積分で，$\displaystyle\int_0^1 f(t) \omega_n(t) dt = 0,\ n = 0, 1, 2, \cdots$ ならば，ほとんどいたる所で $f(t) = 0$．

(iii) $\displaystyle\int_0^1\int_0^1\left|\sum_{k=0}^{2^n}\omega_k(t)\omega_k(s)\right|dtds=1$

5. $$|z|=\frac{1}{\pi}\int_{-\infty}^{\infty}\frac{1-\cos zx}{x^2}dx$$

を使って,まず,

$$\int_0^1\left|\sum_1^n r_k(t)\right|dt=\frac{1}{\pi}\int_{-\infty}^{\infty}\frac{1-\cos^n x}{x^2}dx>\frac{1}{\pi}\int_{-1/\sqrt{n}}^{1/\sqrt{n}}\frac{1-\cos^n x}{x^2}dx$$

を示し,これより,

$$\int_0^1\left|\sum_1^n r_k(t)\right|dt>A\sqrt{n}\,,$$
$$A=\frac{1}{\pi}\int_{-1}^1\frac{1-e^{-y^2/2}}{y^2}dy$$

を示せ.

ヒント:シュワルツ (Schwarz) の不等式と練習問題 3 で $s=2$ とおいたものを使うと,

$$\int_0^1\left|\sum_1^n r_k(t)\right|dt\leq\sqrt{n}$$

が分かる.

第 2 章
ボレルとその後

2.1 「大数の法則」

　公平なゲームを長い間行って儲ることはまずないと，読者は聞いたことがあるに違いない．そのようなとき，「平均の法則が働くからだ」という賢げな言い方を耳にすることがある．その「平均の法則」とは何だろうか．物理学の法則の一種であろうか，それとも純粋に数学の言明なのだろうか．これは，実験的な状況証拠とはかなりよく一致するのではあるが，たいていは後者である．そこで状況証拠のことは忘れて，数学的な事柄に専念することにしよう．「公平」な硬貨を1枚投げたとき，表が出れば1ドルもらい，裏が出れば1ドル払うとする．n 回硬貨を投げた後の懐具合について何が言えるだろうか．第1章1.4節の辞書を使えば，懐具合は

$$(2.1.1) \qquad r_1(t) + r_2(t) + \cdots + r_n(t)$$

と表わすことができる．賭けをする人ならば誰しもが関心をもつのは，n 回の硬貨投げの後に想定額 A_n を超える見込みがどのくらいあるかであろう．再び辞書を使うと，これは，次のような t の集合の測度を求めることと同値である．

$$(2.1.2) \qquad r_1(t) + r_2(t) + \cdots + r_n(t) > A_n .$$

本当にこのゲームで儲ることはまずないとすれば，A_n が "十分に大きい" ときには，(2.1.2) で定義された集合の測度は "小さい" はずである．(同様に，A_n 以上の損をすることもまず起らない．) これらはすべて，次の定理を証明すれば，明確になる．

すべての $\varepsilon > 0$ に対して，

(2.1.3) $$\lim_{n \to \infty} \mu\{|r_1(t) + \cdots + r_n(t)| > \varepsilon n\} = 0$$

ここでは明らかに第 1 章の公式 (1.5.16) が使える．実際，

$$\mu\{|r_1(t) + \cdots + r_n(t)| > \varepsilon n\}$$
$$= \sum_{|2l-n| > \varepsilon n} \mu\{r_1(t) + \cdots + r_n(t) = 2l - n\}$$
$$= \sum_{|2l-n| > \varepsilon n} \frac{1}{2^n} \binom{n}{l}$$

となり，残るは，すべての $\varepsilon > 0$ に対して次を証明することである．

(2.1.4) $$\lim_{n \to \infty} \sum_{|2l-n| > \varepsilon n} \frac{1}{2^n} \binom{n}{l} = 0$$

まずは自分でやってみよう！ よくやるようにスターリング (Stirling) の公式を使えば，証明はそうむずかしくもなく，そう簡単でもない．それができれば，ベルヌーイ (Bernoulli) 自身の証明を再発見したことになる．しかし，より簡単で，より良いチェビシェフ (Chebyshev) による方法がある．

それは，次のように書くだけである．

(2.1.5) $$\int_0^1 (r_1(t) + \cdots + r_n(t))^2 dt$$
$$\geq \int_{|r_1(t) + \cdots + r_n(t)| > \varepsilon n} (r_1(t) + \cdots + r_n(t))^2 dt$$
$$> \varepsilon^2 n^2 \mu\{|r_1(t) + \cdots + r_n(t)| > \varepsilon n\}.$$

もし第 1 章最後の問題 3 を解いていれば，

$$(2.1.6) \quad \int_0^1 (r_1(t) + \cdots + r_n(t))^2 dt = n$$

が分かるから，(2.1.5) より，

$$(2.1.7) \quad \mu\{|r_1(t) + \cdots + r_n(t)| > \varepsilon n\} < \frac{1}{\varepsilon^2 n}$$

となり，"省エネ"して，(2.1.3) が示される．

このチェビシェフの見事な技法は記憶しておこう．いずれまた出合うことになる．

定理 (2.1.3) は，専門的には「大数の弱法則」として知られているものの中でもっとも簡単な例である．この「弱」に軽蔑的な意味はなく，ふつう「大数の強法則」とよばれるもう 1 つの大数の法則と区別するために使われている．「強」もまた賛美的なものではなく，硬貨投げにおいてはこれから弱法則が導かれるという意味で，論理的により強いものである．

どちらの法則も膨大な一般化がなされており，中には互いに他を導くことができないものまである．そこには専門技術的な諸問題があるが，われわれの関心外の事柄である．大数の弱法則のほうは，その数学的内容は相対的には貧弱であり，(2.1.4) の形では，二項係数に関する楽しい定理にすぎない．では，これは，上述の謎めいた「平均の法則」の定式化たり得るのだろうか．そうではないと思う．これは，本質的に，純粋数学的な理論に望み得ることのすべてである．

2.2　ボレルと正規数

もう 1 つの大数の法則はボレルにより発見された．ボレルは，ほとんどすべての t に対して (すなわち，ルベーグ測度零 の t の集合を除いて)，

$$(2.2.8) \quad \lim_{n \to \infty} \frac{r_1(t) + r_2(t) + \cdots + r_n(t)}{n} = 0$$

が成り立つことを証明した．

証明は簡単で，ルベーグ測度・積分論でよく知られた定理に基づけばよい．その定理とは次のものである．

非負でルベーグ積分可能な関数列 $\{f_n(x)\}$ に対して，積分の和

$$(2.2.9) \qquad \sum_{n=1}^{\infty} \int_0^1 f_n(t)dt$$

が収束すれば，関数の和

$$(2.2.10) \qquad \sum_{n=1}^{\infty} f_n(t)$$

は，ほとんどいたる所で収束する．

そこで，

$$(2.2.11) \qquad f_n(t) = \left(\frac{r_1(t) + \cdots + r_n(t)}{n}\right)^4$$

として

$$\int_0^1 \left(\frac{r_1(t) + \cdots + r_n(t)}{n}\right)^4 dt$$

を考えよう．第 1 章演習問題 3 の結果を使うと，ただちに

$$\int_0^1 \left(\frac{r_1(t) + \cdots + r_n(t)}{n}\right)^4 dt = \frac{n + \frac{4!}{2!\,2!}\binom{n}{2}}{n^4}$$

と計算できて，

$$\sum_{n=1}^{\infty} \int_0^1 f_n(t)dt < \infty$$

となる．したがって，[上述の定理より]

$$\sum_{n=1}^{\infty} \left(\frac{r_1(t) + \cdots + r_n(t)}{n}\right)^4$$

は収束するので，ほとんどいたる所で

$$\lim_{n\to\infty}\left(\frac{r_1(t)+\cdots+r_n(t)}{n}\right)^4=0$$

が成り立つ．これで (2.2.8) は証明された．

ここで，

$$r_k(t)=1-2\varepsilon_k(t)$$

を思い出せば，(2.2.8) は，ほとんどすべての t に対して

(2.2.12) $$\lim_{n\to\infty}\frac{\varepsilon_1(t)+\cdots+\varepsilon_n(t)}{n}=\frac{1}{2}$$

は成り立つことと同値である．言い換えれば，ほとんどすべての実数 t に対して，t の 2 進展開に 0 と 1 は (漸近的に！) 同じ個数だけ現れるのである．これがボレルの結果の数論的な内容である．では，確率論的な意味は何であろうか？　ここで我々の辞書を使えば，次の言明に到達する：

"公平"な硬貨投げをくり返し行うとき，各回の試行が独立であれば，確率 1 で，表 (裏) の出る**頻度** (相対度数) は 1/2 である (もちろん，極限で)．

これは，「平均の法則」がどのようなものであるべきかについての直感的イメージを満足させるものであり，われわれの辞書の正当性も再確認させてくれる．

おそらく読者はすでに，展開の底 2 には特別な意味がないことに気付いているに違いない．g が 1 より大きい自然数のときには，

(2.2.13) $$t=\frac{\omega_1(t)}{g}+\frac{\omega_2(t)}{g^2}+\cdots,\quad 0\le t\le 1$$

と書ける．ただし，展開係数 $w_i(t)$ の値は $0,1,\cdots,g-1$ となる．このとき，ほとんどすべての t ($0\le t\le 1$) に対して，

(2.2.14) $$\lim_{n\to\infty}\frac{F_n^{(k)}(t)}{n}=\frac{1}{g}$$

となる．ただし，$F_n^{(k)}$ は，n 番目までの展開係数 $w_i(t)$ が k となる回数を表

わす $(0 \leq k \leq g-1)$. この証明は読者に委ねる (下記の問題 1).

測度零の集合の可算個の和集合も測度零であることから, ほとんどすべての t $(0 \leq t \leq 1)$ に対して, すべての展開において (すなわち, すべての $g > 1$ について) 許される係数が (ちょうど) 同じ頻度で現れることが分かる. 言い換えれば, ほとんどすべての数は「正規数」である！

しばしばそうであるように, 個別の対象についてある性質を証明するよりは, 圧倒的に大多数の対象がそれをみたすことを証明することの方がずっと容易である. いまの場合も例外ではない. 正規数を例示するのはたいへん難しいことである. もっとも簡単な正規数の例は (10 進表示で)

$$0.12345678910111213141516171819 2021\cdots$$

である. これは, 小数点以下にすべての正の整数を順に書き並べたものである. この数が正規数であることの証明は, 決して自明ではない.

演習問題

1. まず, w_n の独立性を証明することにより, (2.2.14) を示し, さらに, 第 1 章の演習問題 3 の結果を一般化せよ.

2. $f(t), 0 \leq t \leq 1$ を連続関数として,

$$\lim_{n \to \infty} \int_0^1 \cdots \int_0^1 f\left(\frac{x_1 + \cdots + x_n}{n}\right) dx_1 \cdots dx_n = f\left(\frac{1}{2}\right)$$

を示せ.
ヒント：(2.1.3) のチェビシェフの証明にならって,

$$\left|\frac{x_1 + \cdots + x_n}{n} - \frac{1}{2}\right| > \varepsilon, \quad 0 \leq x_i \leq 1, \quad i = 1, 2, \cdots, n$$

で定義される n 次元空間の体積は, $1/12\varepsilon^2 n$ 未満であることを示せ.

3. 不公平な硬貨投げ: $T_p(t), 0 < p < 1$ を

$$T_p(t) = \begin{cases} t/p & 0 \le t \le p \\ (t-p)/(1-p) & p < t \le 1 \end{cases}$$

で定義し，

$$\varepsilon_p(t) = \begin{cases} 0 & 0 \le t \le p \\ 1 & p < t \le 1 \end{cases}$$

とおく．

$$\varepsilon_1^{(p)}(t) = \varepsilon_p(t)\,, \quad \varepsilon_2^{(p)} = \varepsilon_p(T_p(t))\,, \quad \varepsilon_3^{(p)}(t) = \varepsilon_p(T_p(T_p(t)))\,, \cdots$$

のグラフを描き，これらが独立であることを示せ．$p = \dfrac{1}{2}$ とおけば，これは 2 進展開を与えていることに注意せよ．

4. $$\varepsilon_1^{(p)}(t) + \cdots + \varepsilon_n^{(p)}(t) = l\,, \quad 0 \le l \le n$$

をみたす t の集合の測度は

$$\binom{n}{l} p^l (1-p)^{n-l}$$

に等しいことを示せ．

5. $\varepsilon_n^{(p)}(t)$ は独立で不公平な硬貨投げのモデルの構成に使えることを説明せよ．このとき，表と裏の出る確率はそれぞれ p, $q = 1-p$ である．

6. 連続関数 $f(t)$ に対して，

$$\int_0^1 f\left(\frac{\varepsilon_1^{(p)}(t) + \cdots + \varepsilon_n^{(p)}(t)}{n}\right) dt = \sum_{k=0}^n f\left(\frac{k}{n}\right) \binom{n}{k} p^k (1-p)^{n-k}$$
$$= B_n(p)$$

であることを示せ．(ただし，$B_n(p)$ は，有名なベルンシュタイン (S.N.Bernstein) 多項式である．)

7. チェビシェフの技巧を用いて，

$$\left|\frac{\varepsilon_1^{(p)}(t)+\cdots+\varepsilon_n^{(p)}(t)}{n}-p\right|>\varepsilon$$

をみたす t の集合の測度を評価し，$0 \leq p \leq 1$ に対して，一様に

$$\lim_{n\to\infty} B_n(p) = f(p)$$

となることを示せ．$[B_n(0) = f(0), B_n(1) = f(1)$ と定義せよ．$]$
(これは，連続関数の多項式近似に関する有名なワイエルシュトラス (Weierstrass) の定理のベルンシュタインによる証明である．)

8. $f(t)$ はリプシッツ条件，すなわち，

$$|f(t_1)-f(t_2)| \leq M|t_1-t_2|, \quad 0 \leq t_1, t_2 \leq 1$$

をみたすとする．ここで，M は t_1, t_2 によらない定数とする．このとき，

$$|f(p) - B_n(p)| \leq \frac{M}{2}\cdot\frac{1}{\sqrt{n}}$$

を示せ．

9. $f(t) = \left|t - \dfrac{1}{2}\right|$，$0 \leq t \leq 1$ のとき，これがリプシッツ条件をみたすことを確かめよ．また，演習問題 7 の結果を使って，

$$\left|f\left(\frac{1}{2}\right) - B_n\left(\frac{1}{2}\right)\right|$$

を下から評価して，問題 8 の評価が最良であることを示せ．

10. ほとんどすべての t に対して，

$$\lim_{n\to\infty}\frac{\varepsilon_1^{(p)}(t)+\cdots+\varepsilon_n^{(p)}(t)}{n} = p$$

を示せ．

11. 2進展開の第 k 桁目を ε_k とすると,
$$\varepsilon_k^{(p)}(t) = \varepsilon_k(\phi_p(t)), \quad k = 1, 2, \cdots$$
をみたす増加関数 $\phi_p(t)$ が存在することを示せ. さらに, $p \neq 1/2$ のときには, $\phi_p(t)$ は**特異的**であること, すなわち, 任意の正測度の集合 E に対して, E と測度零しか違わない集合 E_1 で, 像 $\phi_p(E_1)$ が測度零となるものが存在することを示せ [Z.Lomnicki and S.Ulam, *Fund. Math.* **23** (1934), 237–278, 特に, pp.268–269 を参照せよ].

12. どのように小さい $\varepsilon > 0$ に対しても,
$$\sum_{n=1}^{\infty} \frac{1}{n^{2+\varepsilon}} \exp\left\{ \frac{\sqrt{2\log n}}{\sqrt{n}} |r_1(t) + \cdots + r_n(t)| \right\}$$
は, ほとんどいたる所で収束することを示し, ほとんどすべての t に対して,
$$\limsup_{n \to \infty} \frac{|r_1(t) + \cdots + r_n(t)|}{\sqrt{n \log n}} \leq \sqrt{2}$$
であることを示せ.

ヒント:
$$\int_0^1 e^{\xi |r_1(t)+\cdots+r_n(t)|} dt$$
$$< \int_0^1 e^{\xi(r_1(t)+\cdots+r_n(t))} dt + \int_0^1 e^{-\xi(r_1(t)+\cdots+r_n(t))} dt$$
$$= 2(\cosh \xi)^n$$

に注意せよ.

注
$$\limsup_{n \to \infty} \frac{|r_1(t) + \cdots + r_n(t)|}{\sqrt{n \log n}} \leq \sqrt{2}$$

という結果は, ハーディ(Hardy) とリトルウッド (Littlewood) によ

り，やや複雑な方法で 1914 年に初めて証明された．また，1922 年にはずっと強い結果

$$\limsup_{n\to\infty} \frac{|r_1(t)+\cdots+r_n(t)|}{\sqrt{n\log\log n}} = \sqrt{2}$$

が，ほとんどすべての t に対して成り立つことがヒンチン (Khinchin) により証明された．その証明はかなりむずかしいものとなる．

2.3　表か裏か：より抽象的な定式化

統計の理論で世界的に受入れられている形式 (つまり，確率の概念に基づく理論) は，以下のように要約できる．

まず，集合 Ω を用意し，その確率を 1 とする (標本空間)．Ω には，予め測度 (確率) をきめた部分集合 (基本集合または基本事象) の族が与えられているとする．問題は，その測度を，できるだけ広いクラスの部分集合に"拡張"することである．

拡張するための規則は以下のとおりである．

1°　$A_1, A_2, \cdots$ が互いに素な (つまり，共通部分をもたない) Ω の部分集合 (互いに排反な事象) で，すべて可測 (つまり，測度が与えることが可能) であるとき，それらの和集合 $\bigcup_{k=1}^{\infty} A_k$ も可測で，

$$\mu\left\{\bigcup_{k=1}^{\infty} A_k\right\} = \sum_{k=1}^{\infty} \mu\{A_k\}$$

ただし，$\mu\{\ \}$ は中括弧内の集合の測度を表わす．

2°　A が可測のとき，補集合 $\Omega\setminus A$ も可測である．1° および 2° より，$\mu\{\Omega\setminus A\} = 1 - \mu\{A\}$ であり，とくに，空集合の測度は 0 である．)

3°　測度零の集合の部分集合は可測である．

2.3 表か裏か：より抽象的な定式化

標本空間 Ω 上で定義された可測関数 $f(\omega)$, $\omega \in \Omega$ は "確率変数" とよばれる．(恐ろしく誤解を生じやすい用語であるが，遺憾ながら，今さらどうしようもない．) 硬貨投げが，どのようにこの枠組に納まるかを確かめよう．

標本空間 Ω は，たとえば，(表を 1，裏を 0 で表わすと)

$$\omega = 1011000\cdots 0 \cdots$$

のように，単に，2 つの文字 0, 1 からなる無限列全体が作る集合である．基本集合は何だろうか？ ふつう，それは**筒集合**とする．すなわち，有限個の特定の場所が固定された列全体の集合である．たとえば，3 番目が 1 で，7 番目と 8 番目が 0 である列の全体は筒集合である．筒集合にどのような測度を与えるべきだろうか？ それはもちろん，硬貨投げに関する非数学的な仮定から決まり，それを数学の言葉に翻訳する必要がある．公平な硬貨投げにおける独立性を翻訳すれば，筒集合に与える測度は，特定した場所の個数が k のとき，

$$\left(\frac{1}{2}\right)^k$$

である．次に重要な問題は，**測度の拡張の一意性**の証明である．われわれの場合は簡単で，ルベーグ測度の一意性定理に訴えればすむ．それは，$(0,1)$ 上で定義された測度 μ が 1°, 2°, 3° をみたし，かつ，各区間の測度がその長さに等しいならば，μ は通常のルベーグ測度であるという定理である．H を 1，T を 0 に置き換えれば，H と T からなる列は，置き換えた 0 と 1 からなる列を 2 進展開としてもつ実数 t, $0 \leq t \leq 1$ に対応する．(2 進有理数のなす可算無限集合を除いて，1 対 1 の対応である．) この写像は，筒集合を両端点が 2 進有理数の区間に写すという性質をもち，さらに，われわれが与えた筒集合の測度は，対応する区間の長さに等しい．これで，完了！

拡張の一意性は，上のように写像に訴えなくても証明可能である．この種の定理でもっとも一般的なものは，1933 年にコルモゴロフ (Kolmogorov) がその著書『確率論の基礎概念』("Grundbegriffe der Wahrscheinlichkeitsrechnung")

において与えている．

ひとたび，Ω 上の測度が確定すれば，通常のルベーグ積分論とまったく同様の標準的な方法で，積分論を構築することができる．

$\omega \in \Omega$ に対して，つまり，0 と 1 からなる列 ω に対して，

$$X_k(\omega) = \begin{cases} +1 & \omega \text{ の第 } k \text{ 項が 0 のとき} \\ -1 & \omega \text{ の第 } k \text{ 項が 1 のとき} \end{cases}$$

と定めると，$X_k(\omega)$ は，0, 1 からなるすべての列 δ_j に対して，

$$(2.3.15) \quad \mu\{X_1(\omega) = \delta_1, X_2(\omega) = \delta_2, \cdots, X_n(\omega) = \delta_n\}$$
$$= \frac{1}{2^n} = \prod_{k=1}^{n} \mu\{X_k(\omega) = \delta_n\}$$

が成り立つという意味で，**独立確率変数**である．明らかに，これらの $X_k(\omega)$ は公平な硬貨投げのモデルを提供している．

2.4 抽象化の対価

抽象化するとは，思うに，本質に迫ることである．偶発的な特性から解き放たれ，必然的なものに関心の的を絞ることである．抽象的には，(公平で独立な)「表か裏か」の理論とは，前節の 1°, 2°, 3° をみたす測度 μ が与えられた (測度 1 の) 空間 Ω の上で定義され，性質 (2.3.15) をもつ関数 $X_k(\omega)$ の研究となる．もはや Ω が何であったかなどは問題でなくなり，(2.3.15) と基本性質 1°, 2°, 3° を用いることのみが許される．もちろん，われわれは数学的な真空状態に陥ったわけではなく，定義のできた対象物について語っているのである．それは，Ω を "標本空間" として採り，2.3 節のようにして求める測度 μ を構成したことにより成し遂げられた．$X_k(\omega)$ の**実現**をラーデマヒェル関数 $r_k(t)$ によって与えたこと，つまり，Ω としてルベーグ測度付きの区間 $(0, 1)$ を採用したことは偶発的なことと考えられるが，ラーデマヒェル関数のもつ特殊な性質，つまり，

$$1 - 2t = \sum_{k=1}^{\infty} \frac{r_k(t)}{2^k}$$

を用いたヴィエトの公式の楽しい証明だけは例外として，ここまで性質 (2.3.15) と測度の**一般的な性質**以外の何ものにも訴えてはいなかったことを確認して欲しい．しかし，抑制なき抽象化に対して支払いを請求されるかもしれない対価は，より大きい．事実，たいへん大きい．応用における発見とは，抽象化の観点からは偶発的なものとして排除される特性によってこそ初めて可能となるものであるにもかかわらず，抑制なき抽象化は，応用の全領域から目をそらさせる傾向をももつからである．この点に関する例示は，本書全体に渡って散りばめてある．まずは，すでになじみ深い世界から 2, 3 の例を取り上げよう．

2.5　例 1. ランダム符号付き級数の収束

級数

$$\sum_{k=1}^{\infty} \pm c_k \quad (c_k \text{ は実数})$$

において，各項の符号を独立に，それぞれ確率 $\frac{1}{2}$ ずつで選ぶとき，収束する確率はどうなるだろうか？　問題を最初のこの形に設定したのは，1922 年，H. シュタインハウス (H.Steinhaus)(独立に，N. ウィーナー (N.Wiener) も) であり，2.3 節の本質も彼に負うのものである．シュタインハウスは，この問題が

$$(2.5.16) \qquad \sum_{k=1}^{\infty} c_k r_k(t)$$

が収束する t の集合の測度を求める問題と同値になることを見抜いていた．しかし，当時すでに，この問題はラーデマヒェルが解いており，

$$(2.5.17) \qquad \sum_{k=1}^{\infty} c_k^2 < \infty$$

ならば，(2.5.16) は，ほとんどいたる所で収束することを証明していた．もちろん，性質 (2.3.15) をもつ $X_k(\omega)$ に対して

$$(2.5.18) \qquad \sum_{k=1}^{\infty} c_k X_k(\omega)$$

の収束を考えることもできる．実際，コルモゴロフは (2.3.15) のみを用いてラーデマヒェルの定理の一般化の最終版を証明している．しかし，ラーデマヒェル関数を本質的に用いたペイリー (Paley) とジグムント (Zygmund) の見事な証明があるので，それを紹介する．その証明は，初等的とはいえないが極めて重要な次の 2 つの定理に基づく．

(1) リース (F.Riesz)＝フィッシャー (Fischer) の定理

$$\sum a_k^2 < \infty$$

であり，$\phi_1(t), \phi_2(t), \cdots$ が正規直交系，すなわち，

$$(2.5.19) \qquad \int_E \phi_i(t)\phi_j(t)dt = \delta_{ij}$$

であるならば，

$$(2.5.20) \qquad \lim_{n \to \infty} \int_E \left(f(t) - \sum_{k=1}^{n} a_k \phi_k(t) \right)^2 dt = 0$$

をみたす $f(t) \in L^2$ (すなわち，$\int_E f(t)^2 dt < \infty$) が存在する．

(2) 微分積分学の基本定理 (高等版)：

$$(2.5.21) \qquad \int_0^1 |f(t)|dt < \infty$$

のとき，ほとんどすべての t_0 に対して，$\alpha_m < t_0 < \beta_m$, $\lim_{m \to \infty} \alpha_m = \lim_{m \to \infty} \beta_m = t_0$ であれば，

$$(2.5.22) \qquad \lim_{m \to \infty} \frac{1}{\beta_m - \alpha_m} \int_{\alpha_m}^{\beta_m} f(t)dt = f(t_0) \, .$$

が成り立つ．

ラーデマヒェル関数は，(0,1) 上で互いに直交している，すなわち，
$$\int_0^1 r_i(t)r_j(t)dt = \delta_{ij}$$
であるから，($\sum_{k=1}^{\infty} c_k^2 < \infty$ と仮定していたので，上記のリース=フィッシャーの定理より)

(2.5.23) $$\int_0^1 f^2(t)dt < \infty,$$

(2.5.24) $$\lim_{n\to\infty} \int_0^1 \left(f(t) - \sum_{k=1}^n c_k r_k(t)\right)^2 dt = 0$$

をみたす関数 $f(t)$ が存在する．さて，t_0 が (2.5.22) をみたし，

(2.5.25) $$\alpha_m = \frac{k_m}{2^m} < t_0 < \frac{k_m+1}{2^m} = \beta_m$$

とすると (t_0 が 2 進有理数の場合は除いて)，

$$\left|\int_{\alpha_m}^{\beta_m} \left(f(t) - \sum_1^n c_k r_k(t)\right) dt\right|$$
$$\leq (\beta_m - \alpha_m)^{1/2} \left(\int_0^1 \left(f(t) - \sum_1^n c_k r_k(t)\right)^2 dt\right)^{1/2}$$

が成り立ち，(2.5.24) を使うと，

(2.5.26) $$\int_{\alpha_m}^{\beta_m} f(t)dt = \sum_1^{\infty} c_k \int_{\alpha_m}^{\beta_m} r_k(t)dt$$

を得る．ここで，

(2.5.27) $$\int_{\alpha_m}^{\beta_m} r_k(t)dt = 0 \ , \quad k > m \ ,$$

$$(2.5.28) \quad \int_{\alpha_m}^{\beta_m} r_k(t)dt = (\beta_m - \alpha_m)r_k(t_0), \quad k \leq m$$

が成り立つことに注意すれば, (2.5.26) は

$$\frac{1}{\beta_m - \alpha_m} \int_{\alpha_m}^{\beta_m} f(t)dt = \sum_1^m c_k r_k(t_0)$$

となり, (2.5.22) により,

$$\sum_1^\infty c_k r_k(t_0)$$

は収束する.

上の議論はただちに一般化できて,

$$(2.5.29) \quad \sum_{k=1}^\infty c_k \sin 2\pi 2^k t$$

は,

$$(2.5.30) \quad \sum c_k^2 < \infty$$

のとき, ほとんどいたる所で収束することが証明される. この定理は,

$$r_k(t) = \text{sgn} \sin 2\pi 2^{k-1} t$$

に気付けば, 自然に思いつけるものである. 実際, 証明の鍵は, ラーデマヘル関数のもつ次の 3 つの性質であった.

1° 直交性
2° (2.5.27)
3° (2.5.28)

これらのうち 1°, 2° は, $r_k(t)$ を $\sin 2\pi 2^k t$ に置き換えても成り立つ. 性質 3° については, そのままでは成り立たないが, $k \leq m$ に対して,

$$(2.5.31) \quad \int_{\alpha_m}^{\beta_m} \sin 2\pi 2^k t\, dt$$

$$= (\beta_m - \alpha_m) \sin 2\pi 2^k t_0 + \int_{\alpha_m}^{\beta_m} (\sin 2\pi 2^k t - \sin 2\pi 2^k t_0) dt$$

であり，また，

$$\left| \int_{\alpha_m}^{\beta_m} (\sin 2\pi 2^k t - \sin 2\pi 2^k t_0) dt \right|$$
$$\leq \int_{\alpha_m}^{\beta_m} |\sin 2\pi 2^k t - \sin 2\pi 2^k t_0| dt \leq 2\pi 2^k \int_{\alpha_m}^{\beta_m} |t - t_0| dt$$
$$< 2\pi 2^k (\beta_m - \alpha_m)^2 = 2\pi \frac{2^k}{2^m} (\beta_m - \alpha_m).$$

である．したがって，前述の

$$\frac{1}{\beta_m - \alpha_m} \int_{\alpha_m}^{\beta_m} f(t) dt = \sum_1^m c_k r_k(t_0)$$

の代わりに，

$$\left| \frac{1}{\beta_m - \alpha_m} \int_{\alpha_m}^{\beta_m} f(t) dt - \sum_1^m c_k \sin 2\pi 2^k t_0 \right| \leq \sum_1^m |c_k| \frac{2\pi}{2^{m-k}}$$

を得る．$n \to \infty$ のとき $c_n \to 0$ であるから ($\sum c_n^2 < \infty$ であった)，

$$\lim_{m \to \infty} \sum_1^m |c_k| \frac{2\pi}{2^{m-k}} = 0$$

となるので，証明はこれで完結する．

いま証明した定理，すなわち

$$\sum_1^\infty c_k \sin 2\pi 2^k t$$

の収束は，じつは，次の有名なコルモゴロフの定理の特別な場合である．

$$\sum_1^\infty c_k^2 < \infty$$

のとき，

$$\frac{n_{k+1}}{n_k} > q > 1$$

をみたす数 q が存在すれば，

$$\sum_{k=1}^{\infty} c_k \sin 2\pi n_k t$$

は，ほとんどいたる所で収束する．

コルモゴロフの証明は，本質的に，この級数が三角級数であることを使っているが，ペイリーとジグムントの議論を拡張すれば，はるかに一般的な次の定理を証明することができる：

周期 1 の周期関数 $g(t)$ に対して，

(a) $\int_0^1 g(t)dt = 0$

(b) $|g(t') - g(t'')| < M|t' - t''|^\alpha$, $\quad 0 < \alpha < 1$, $\quad \sum c_k^2 < \infty$, $\quad \dfrac{n_{k+1}}{n_k} > q > 1$

を仮定すれば，

$$\sum_1^\infty c_k g(n_k t)$$

は，ほとんどいたる所で収束する．この定理の証明のためには，ペイリーとジグムントのアイデアを本質的に超える新たなものは何も必要ないが，少し技巧的にすぎるので，ここでは割愛する．

以上から何が学べるであろうか？

$$r_k(t) = \operatorname{sgn} \sin 2\pi 2^{k-1} t$$

という偶発的に見える事実は，$r_k(t)$ と $\sin 2\pi 2^{k-1} t$ との間に類比の存在し得ることを示唆している．$r_k(t)$ は明確な確率論的解釈をもつから，"表か裏か"に，偶然，確率，硬貨などとは無関係の数学の世界を結びつける道が開かれたのである．これは，もし硬貨投げの抽象的な取扱いに固執していたら実現できただろうか？　かもしれないが，私は信じない．

2.6 例 2. ランダム符号付き級数の発散

級数

$$\sum_{k=1}^{\infty} \pm c_k \tag{2.6.32}$$

は，

$$\sum_{1}^{k} c_k^2 = \infty \tag{2.6.33}$$

のとき，どうなるであろうか？ (2.6.32) は確率 1 で発散するがその答えである．証明は至極簡単である．最初に，これは単に (2.6.33) という条件の下で

$$\sum_{1}^{\infty} c_k r_k(t) \tag{2.6.34}$$

の収束域の測度を決定するという問題であることに注意しよう．次に，(2.6.34) の収束域の測度は 0 か 1 となる (いわゆる 0-1 法則の特別な場合) ことに注意する．

まず，

$$r_k(t) = r_1(2^{k-1}t)$$

を思い起こせば[1]，t が収束域に属する点ならば，

$$t + \frac{1}{2^l}, \quad l = 0, 1, 2, \cdots$$

もそうである．

実際 t を $t + 2^{-l}$ で置き換えたとき，(2.6.34) で変わるのは有限個の項のみだから，収束性に影響しない．したがって，この級数の収束域の定義関数は任意に小さい周期を持つから，よく知られた定理により，それは，ほとんどいたる所で定数となり[2]，その定数の値は 0 か 1 のどちらかである．

---

[1] $r_k(t)$ は，周期 1 の周期関数と考える．すなわち，$r_k(t+1) = r_k(t)$．

[2] 有界で可測な (よって，ルベーグ可積分な) 関数 $\phi(t)$ の場合の証明は次のようにな

ここで，$c_n \to 0$ と仮定する．そうでなければ，定理の主張は自明である．

さて (2.6.33) が成り立ち，$c_n \to 0$ で (2.6.34) が正の測度をもつ集合の上で収束したと仮定してみよう．すると，上の注意より，それはほとんどいたる所で収束しなければならず，

$$\text{(2.6.35)} \qquad \lim_{n \to \infty} \sum_{1}^{n} c_k r_k(t) = g(t)$$

となる可測関数 $g(t)$ が存在することになる．(2.6.35) より，各 $\xi \neq 0$ に対して，ほとんどいたる所

$$\lim_{n \to \infty} \exp\left[i\xi \sum_{1}^{n} c_k r_k(t)\right] = e^{i\xi g(t)}$$

である．ルベーグの有界収束定理により，

$$\text{(2.6.36)} \qquad \lim_{n \to \infty} \int_{0}^{1} \exp\left[i\xi \sum_{1}^{n} c_k r_k(t)\right] dt = \int_{0}^{1} e^{i\xi g(t)} dt$$

を得る．しかし，すでに見たように，

$$\text{(2.6.37)} \qquad \int_{0}^{1} \exp\left[i\xi \sum_{1}^{n} c_k r_k(t)\right] dt = \prod_{k=1}^{n} \cos \xi c_k$$

であり，また，$c_n \to 0$ のとき，

る．まず，

$$I = \int_{0}^{1} \phi(t) dt = \sum_{k=0}^{2^l-1} \int_{k/2^l}^{(k+1)/2^l} \phi(t) dt = 2^l \int_{k/2^l}^{(k+1)/2^l} \phi(t) dt.$$

点 t_0 において，$k_m/2^m < t_0 < (k_m+1)/2^m$ ならば，

$$\lim_{m \to \infty} 2^m \int_{k_m/2^m}^{(k_m+1)/2^m} \phi(t) dt = \phi(t_0)$$

が成り立つとしよう．微分積分学の基本定理 (第 3 章参照) により，ほとんどすべての点 t_0 はこの性質をもつ．よって，ほとんどすべての t_0 に対して，$\phi(t_0) = I$ である．$\phi(t)$ の有界性を仮定しない場合は，以上の議論を $e^{i\phi(t)}$ に適用する．この証明は Hartman と Kershner によるが，この定理は最初，もっとこみ入った方法で Burstin により証明された．なお，収束域の定義関数の可測性は，可測関数列の収束域の可測性から明らかである．

$$\lim_{n\to\infty}\prod_{k=1}^{n}\cos\xi c_k = 0$$

である．この証明は読者に委ねる．よって，すべての実数 $\xi \neq 0$ に対して，

(2.6.38) $$\int_0^1 e^{i\xi g(t)}dt = 0$$

が成り立つことになる．

一方，数列 $\xi_n \to 0$ を $\xi_n \neq 0$ をみたすように採れば (たとえば，$\xi_n = 1/n$)，ほとんどすべての t に対して，

$$\lim_{n\to\infty}\xi_n g(t) = 0$$

となるので，ほとんどすべての t に対して，

$$\lim_{n\to\infty} e^{i\xi_n g(t)} = 1 \ .$$

が成り立つ．再び，ルベーグの有界収束定理を使うと

$$\lim_{n\to\infty}\int_0^1 e^{i\xi_n g(t)}dt = 1$$

となり，$0 = 1$ となってしまう．これは矛盾である．したがって，(2.6.34) はいかなる正の測度をもつ集合の上でも収束することはない．よって，ほとんどいたる所で発散していなければならない．

この証明方法では本質的に，$r_k(t)$ たちの独立性を使っている ((2.6.37) を見よ) ので，これをただちに，条件

$$\sum_1^n c_k^2 = \infty$$

のもとでは，級数

$$\sum_{k=1}^{\infty} c_k \sin 2\pi n_k t \ , \quad \frac{n_{k+1}}{n_k} > q > 1$$

の研究に適用できるようには見えないが，じつは，この方法は適応可能なの

である．この点については後に議論することとしよう．

演習問題

1. $\sum_{k=1}^{\infty} c_k^2 = \infty$, $c_k \to 0$ のとき，級数

$$\sum_{k=1}^{\infty} c_k \sin 2\pi 2^{k-1} t$$

を考える．

(a) 極限

$$\lim_{n\to\infty} \int_0^1 \left(\frac{\sum_1^n c_k \sin 2\pi 2^{k-1} t}{\sqrt{\sum_1^n c_k^2}} \right)^4 dt$$

が存在することを示し，その値を求めよ．

(b) 関数列 $F_n(t), 0 \le t \le 1$ が

$$\lim_{n\to\infty} \int_0^1 F_n^2(t)dt = \alpha \ , \ \lim_{n\to\infty} \int_0^1 F_n^4(t)dt = \beta$$

をみたすならば，その上で $F_n(t)$ が 0 に近づく集合 E の測度は

$$1 - \frac{\alpha^2}{\beta}$$

未満であることを示せ．

(c) (a), (b) を使って，この設問の仮定のもとで

$$\sum_{k=1}^{\infty} c_k \sin 2\pi 2^{k-1} t$$

は，ほとんどいたる所で発散することを示せ．

2. 問題 1 の関数 sin は，周期 1 をもつ任意の周期関数 $f(t)$ (もちろん，$\int_0^1 f(t)dt = 0$ は仮定する) で置き換えることができない．実際，$f(t) = \sin 2\pi t - \sin 4\pi t$ とすると，$\sum_1^\infty \frac{1}{\sqrt{k}} f(2^{k-1}t)$ は，いたる所で収束することを示せ．

参考文献

(1) E.Borel, "Sur les probabilités dénombrables et leurs applications arithmétiques," *Rend. Circ. Mat. Palermo*, **27** (1909), 247–271.

(2) D.G.Champernowne, "The construction of decimals normal in the scale of ten," *Jour. London Math. Soc.*, **8** (1933), 254–260.

(3) H.Steinhaus, "Les probabilités dénombrables et leur rapport à théorie de la mesure," *Fund. Math.*, **4** (1922), 286–310.

(4) H.Rademacher, "Einige Sätze über Reihen von allgemeinen Orthogonalfunktionen," *Math. Ann.*, **87** (1922), 112–138.

(5) M.Kac, "Convergence of certain gap series," *Ann. Math.*, **44** (1943), 411–415 (参考文献にペリーとジグムントの原論文を挙げてある).

(6) Ph.Hartman and R.Kershner, "The structure of monotone functions," *Amer. Jour. Math.*, **59** (1937), 809–822.

(7) A.N.Kolmogorov, *Grundbegriffe der Wahrscheinlichkeitsrechnung*, Springer, Berlin, 1933. (日本語訳『確率論の基礎概念』：根本伸司・一条洋訳，東京図書，1969．坂本實訳，ちくま学芸文庫，2010．)

第 3 章

正規法則

3.1 ド・モアブル

第 2 章 2.1 節では，大数の弱法則について述べた．より精密な結果がド・モアブル (de Moivre) により証明され，

$$\text{(3.1.1)} \quad \lim_{n\to\infty} \mu\{\omega_1\sqrt{n} < r_1(t) + \cdots + r_n(t) < \omega_2\sqrt{n}\}$$
$$= \frac{1}{\sqrt{2\pi}} \int_{\omega_1}^{\omega_2} e^{-y^2/2} dy$$

が成り立つ．読者は難なく，これを確率論の言葉で解釈できることであろう．第 1 章の (1.5.16) に基づいて初等的な証明ができ，(3.1.1) は純粋に組合せ的な公式

$$\text{(3.1.2)} \quad \lim_{n\to\infty} \sum_{\frac{n}{2}+\omega_1\frac{\sqrt{n}}{2} < l < \frac{n}{2}+\omega_2\frac{\sqrt{n}}{2}} \frac{1}{2^n}\binom{n}{l} = \frac{1}{\sqrt{2\pi}} \int_{\omega_1}^{\omega_2} e^{-y^2/2} dy$$

と同値になる．スターリングの公式を器用に使えば，(3.1.2) を導けるが，その証明は定理の本質を覆い隠す．この (3.1.1) を一般化しようという試みは，確率論の解析的な道具立てを発展させるもっとも強い動機のひとつとなった．ある強力な方法がマルコフ (Markov) により提唱されたが，自身ではそれを厳密化できなかった．20 年ほどを経て，その方法はポール・レヴィ(Paul Lévy) により正当化される．以下の 2 つの節は，そのマルコフの方法に捧げる．

3.2 着想

実数 $\omega_1, \omega_2, \omega_1 < \omega_2$ を固定して,

$$(3.2.3) \qquad g(x) = \begin{cases} 1 & \omega_1 < x < \omega_2 \\ 0 & その他 \end{cases}$$

とおく．フーリエ積分論の基礎より,

$$(3.2.4) \qquad g(x) = \frac{1}{2\pi} \int_{-\infty}^{\infty} \frac{e^{i\omega_2 \xi} - e^{i\omega_1 \xi}}{i\xi} e^{-ix\xi} d\xi$$

である．ここで，通例通り，$x = \omega_1$ または $x = \omega_2$ のとき，右辺の値は $1/2$ とする．このとき，ω_1, ω_2 が $1/\sqrt{n}$ の整数倍でなければ,

$$(3.2.5)$$
$$\mu\left\{\omega_1 < \frac{r_1(t) + \cdots + r_n(t)}{\sqrt{n}} < \omega_2\right\}$$
$$= \int_0^1 g\left(\frac{r_1(t) + \cdots + r_n(t)}{\sqrt{n}}\right) dt$$
$$= \int_0^1 \frac{1}{2\pi} \int_{-\infty}^{\infty} \frac{e^{i\omega_2 \xi} - e^{i\omega_1 \xi}}{i\xi} \exp\left(-i\xi \frac{r_1(t) + \cdots + r_n(t)}{\sqrt{n}}\right) d\xi dt$$

が成り立つ．積分の順序を交換すれば (この場合，$r_1(t) + \cdots + r_n(t)$ は有限個の値しかとらないので，その正当化は容易である),

$$(3.2.6)$$
$$\mu\{\omega_1 < \frac{r_1(t) + \cdots + r_n(t)}{\sqrt{n}} < \omega_2\}$$
$$= \frac{1}{2\pi} \int_{-\infty}^{\infty} \frac{e^{i\omega_2 \xi} - e^{i\omega_1 \xi}}{i\xi} \left[\int_0^1 \exp\left(-i\xi \frac{r_1(t) + \cdots + r_n(t)}{\sqrt{n}}\right) dt\right] d\xi$$
$$= \frac{1}{2\pi} \int_{-\infty}^{\infty} \frac{e^{i\omega_2 \xi} - e^{i\omega_1 \xi}}{i\xi} \left(\cos\frac{\xi}{\sqrt{n}}\right)^n d\xi$$

となる．各実数 ξ に対して,

$$(3.2.7) \qquad \lim_{n\to\infty}\left(\cos\frac{\xi}{\sqrt{n}}\right)^n = e^{-\xi^2/2}$$

であるから，次のように結論したい誘惑に駆られる．

$$(3.2.8) \qquad \lim_{n\to\infty}\mu\{\omega_1 < \frac{r_1(t)+\cdots+r_n(t)}{\sqrt{n}} < \omega_2\}$$
$$= \frac{1}{\sqrt{2\pi}}\int_{-\infty}^{\infty}\frac{e^{i\omega_2\xi}-e^{i\omega_1\xi}}{i\xi}e^{-\xi^2/2}d\xi$$
$$= \frac{1}{\sqrt{2\pi}}\int_{\omega_1}^{\omega_2}e^{-y^2/2}dy$$

このやり方のどこに難点があるのだろうか．正当化の必要な飛躍はただ 1 カ所，積分と $n\to\infty$ での極限という 2 つの操作の交換である．不幸なことに，$-\infty$ から $+\infty$ までの積分の極限であり，関数

$$\frac{e^{i\omega_2\xi}-e^{i\omega_1\xi}}{i\xi}$$

は絶対可積分でない．

　すばらしい数学者であったマルコフは，その難点を克服できなかったため，この方法を諦めてしまった．

　物理学者たちは，厳密さについてわれわれほど厳格には考えていないから，いまでもこの方法を"マルコフの方法"とよんでいる．しかし，数学者たちはほとんどその由来すら知らない．

3.3 マルコフの方法の厳密化

　じつは，マルコフの方法の正当化はたいへん容易である．それは広い応用可能性をもつ単純な着想に基づく．

　まず，公式 (3.2.4) を吟味してみよう．これは，フーリエ変換の公式

$$(3.3.9) \qquad g(x) = \frac{1}{2\pi}\int_{-\infty}^{\infty}\int_{-\infty}^{\infty}g(y)e^{i\xi(y-x)}dyd\xi$$

を特別な関数 (3.2.3) に適用したものである．

ここで，2つの補助関数 $g_\varepsilon^-(x)$, $g_\varepsilon^+(x)$ を導入しよう．そのグラフ[1]は下の図で与えられるものとする（$\varepsilon > 0$, $2\varepsilon < \omega_2 - \omega_1$）．

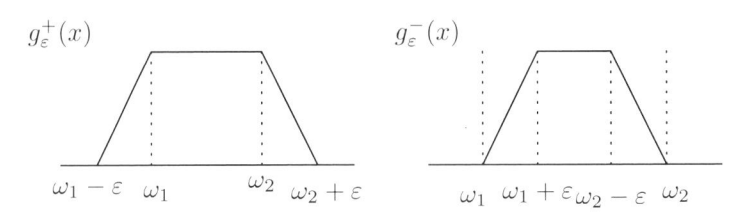

$g_\varepsilon^+(x)$ のグラフ：$\omega_1 - \varepsilon$, ω_1, ω_2, $\omega_2 + \varepsilon$

$g_\varepsilon^-(x)$ のグラフ：ω_1, $\omega_1 + \varepsilon$, $\omega_2 - \varepsilon$, ω_2

このとき，

(3.3.10) $$g_\varepsilon^-(x) \le g(x) \le g_\varepsilon^+(x)$$

であり，よって，

(3.3.11) $$\int_0^1 g_\varepsilon^-\left(\frac{r_1(t) + \cdots + r_n(t)}{\sqrt{n}}\right) dt$$
$$\le \mu\left\{\omega_1 < \frac{r_1(t) + \cdots + r_n(t)}{\sqrt{n}} < \omega_2\right\}$$
$$\le \int_0^1 g_\varepsilon^+\left(\frac{r_1(t) + \cdots + r_n(t)}{\sqrt{n}}\right) dt$$

が成り立つ．ところで，ξ の関数

$$G_\varepsilon^-(\xi) = \int_{-\infty}^\infty g_\varepsilon^-(y) e^{iy\xi} dy, \quad G_\varepsilon^+(\xi) = \int_{-\infty}^\infty g_\varepsilon^+(y) e^{iy\xi} dy$$

は，$(-\infty, \infty)$ で**絶対可積分**である．それゆえ，3.2 節の議論より，**厳密**な意味で，

(3.3.12) $$\lim_{n \to \infty} \int_0^1 g_\varepsilon^-\left(\frac{r_1(t) + \cdots + r_n(t)}{\sqrt{n}}\right) dt$$
$$= \frac{1}{2\pi} \int_{-\infty}^\infty e^{-\xi^2/2} \int_{-\infty}^\infty g_\varepsilon^-(y) e^{i\xi y} dy d\xi$$
$$= \frac{1}{\sqrt{2\pi}} \int_{-\infty}^\infty g_\varepsilon^-(y) e^{-y^2/2} dy,$$

---

[1] 両グラフとも，高さは 1 とする．

および

(3.3.13)
$$\lim_{n\to\infty} \int_0^1 g_\varepsilon^+ \left(\frac{r_1(t)+\cdots+r_n(t)}{\sqrt{n}} \right) dt$$
$$= \frac{1}{2\pi} \int_{-\infty}^{\infty} e^{-\xi^2/2} \int_{-\infty}^{\infty} g_\varepsilon^+(y) e^{i\xi y} dy d\xi$$
$$= \frac{1}{\sqrt{2\pi}} \int_{-\infty}^{\infty} g_\varepsilon^+(y) e^{-y^2/2} dy$$

が導かれる．(3.3.12), (3.3.13) を (3.3.11) と考え合わせると，

(3.3.14)
$$\frac{1}{\sqrt{2\pi}} \int_{-\infty}^{\infty} g_\varepsilon^-(y) e^{-y^2/2} dy$$
$$\leq \liminf_{n\to\infty} \mu \left\{ \omega_1 < \frac{r_1(t)+\cdots+r_n(t)}{\sqrt{n}} < \omega_2 \right\}$$
$$\leq \limsup_{n\to\infty} \mu \left\{ \omega_1 < \frac{r_1(t)+\cdots+r_n(t)}{\sqrt{n}} < \omega_2 \right\}$$
$$\leq \frac{1}{\sqrt{2\pi}} \int_{-\infty}^{\infty} g_\varepsilon^+(y) e^{-y^2/2} dy$$

が得られる．この (3.3.14) は，任意の $\varepsilon > 0$ に対して成り立つので，ただちに，

(3.3.15)
$$\lim_{n\to\infty} \mu \left\{ \omega_1 < \frac{r_1(t)+\cdots+r_n(t)}{\sqrt{n}} < \omega_2 \right\}$$
$$= \frac{1}{\sqrt{2\pi}} \int_{-\infty}^{\infty} g(y) e^{-y^2/2} dy = \frac{1}{\sqrt{2\pi}} \int_{\omega_1}^{\omega_2} e^{-y^2/2} dy$$

を得る．

演習問題

1. 1917 年，H. ワイル (H.Weyl) は，無理数 α に対して，$\alpha_n = n\alpha - [n\alpha]$, $n = 1, 2, \cdots$ は，区間 $(0,1)$ で一様分布すること，すなわち，$0 \leq \omega_1 < \omega_2 \leq 1$ に対して，$k_n(\omega_1, \omega_2)$ で (ω_1, ω_2) に含まれる α_j ($1 \leq j \leq n$) の個数を表わすことにすれば，

$$\lim_{n\to\infty} \frac{k_n(\omega_1,\omega_2)}{n} = \omega_2 - \omega_1$$

となることを証明した．区間 $(0,1)$ において (3.2.3) で定義される周期 1 の周期関数 $g(x)$ を導入し，フーリエ積分の代わりにフーリエ級数を用いて，上のワイルの定理を証明せよ．

2. マルコフの方法により，ラプラス (Laplace) の定理

$$\lim_{x\to\infty} e^{-x} \sum_{x+\omega_1\sqrt{x} < k < x+\omega_2\sqrt{x}} \frac{x^k}{k!} = \frac{1}{\sqrt{2\pi}} \int_{\omega_1}^{\omega_2} e^{-y^2/2} dy$$

を証明せよ．

3.4 マルコフの方法を見直す

3.3 節での導出を精査してみれば，じつは，次の定理を証明していたことが分かる．

可測関数の列 $f_n(t)$, $0 \le t \le 1$ が各実数 ξ に対して

(3.4.16) $$\lim_{n\to\infty} \int_0^1 e^{i\xi f_n(t)} dt = e^{-\xi^2/2}$$

をみたすとき，

(3.4.17) $$\lim_{n\to\infty} \mu\{\omega_1 < f_n(t) \le \omega_2\} = \frac{1}{\sqrt{2\pi}} \int_{\omega_1}^{\omega_2} e^{-y^2/2} dy$$

が成り立つ．

このとき，

(3.4.18) $$\sigma_n(\omega) = \mu\{f_n(t) \le \omega\}$$

とおくと，$\sigma_n(\omega)$ は以下の性質をもつ．

1° $\sigma_n(-\infty) = 0$, $\sigma_n(+\infty) = 1$

2° $\sigma_n(\omega)$ は非減少関数

3°　$\sigma_n(\omega)$ は右連続.

(上の 3° は, ルベーグ測度の可算加法性からの帰結である.) 一般に, 関数 $\sigma(\omega)$ は, 性質 $1°, 2°, 3°$ をみたすとき, **分布関数**という. このとき,

$$(3.4.19) \qquad \int_0^1 e^{i\xi f_n(t)} dt = \int_{-\infty}^{\infty} e^{i\xi\omega} d\sigma_n(\omega)$$

となるから, われわれの定理は次のように述べることができる.

分布関数列 $\sigma_n(\omega)$ が, 各実数 ξ に対して,

$$(3.4.20) \qquad \lim_{n\to\infty} \int_{-\infty}^{\infty} e^{i\xi\omega} d\sigma_n(\omega) = e^{-\xi^2/2}$$

をみたせば,

$$(3.4.21) \qquad \sigma_n(\omega_2) - \sigma_n(\omega_1) \to G(\omega_2) - G(\omega_1)$$

が成り立つ. ただし,

$$(3.4.22) \qquad G(\omega) = \frac{1}{\sqrt{2\pi}} \int_{-\infty}^{\omega} e^{-y^2/2} dy$$

である.

注意深い読者は, ここにちょっとした論理の飛躍に気付いたことであろう. 単に分布関数列 $\sigma_n(\omega)$ が与えられているとき, これまでの議論から上の定式化を導けるのは, 関数列 $f_n(t), 0 \leq t \leq 1$ によって,

$$(3.4.23) \qquad \mu\{f_n(t) \leq \omega\} = \sigma_n(\omega)$$

と表わされている場合のみである. この飛躍は, 本質的には, 3.3 節の議論をくり返せば回避できる. しかし, 関数 $f_n(t)$ を構成することは, 至極簡単である. 実際, $f_n(t)$ として, $\sigma_n(\omega)$ の**逆関数**をとればよいだけである. ただし, $\sigma_n(\omega)$ が一定の区間は $f_n(t)$ の不連続点に, 逆に, $\sigma_n(\omega)$ の不連続点は $f_n(t)$ が一定の区間に対応するものとする. 詳細は読者に委ねよう. (3.4.20) より (3.4.21) が従うという結論は, フーリエ=スチルチェス (Stieltjes) 変換の連

続性定理という重要で一般的な定理の特別な場合である．その定理とは，次のようなものである．

分布関数の列 $\sigma_n(\omega)$ に対して，各点 ξ において

$$\lim_{n \to \infty} \int_{-\infty}^{\infty} e^{i\xi\omega} d\sigma_n(\omega) = c(\xi) \tag{3.4.24}$$

が存在して，$c(\xi)$ が $\xi = 0$ で連続ならば，

$$\int_{-\infty}^{\infty} e^{i\xi\omega} d\sigma(\omega) = c(\xi) \tag{3.4.25}$$

が成り立ち，$\sigma(\omega)$ の任意の連続点 ω においては

$$\lim_{n \to \infty} \sigma_n(\omega) = \sigma(\omega) \tag{3.4.26}$$

をみたす $\sigma(\omega)$ が存在する．

証明には，すでに説明したアイデアに加えて，いわゆるヘリー (Helly) の選出原理を使うことになるが，ここで述べるには少し専門的にすぎる．よって，割愛するが，以下ではこの定理を自由に使うことにする．

演習問題

1. $f_n(t), 0 \leq t \leq 1$ が，$k = 0, 1, 2, \cdots$ に対して，

$$\lim_{n \to \infty} \int_0^1 f_n^k(t) dt$$

$$= \frac{1}{\sqrt{2\pi}} \int_{-\infty}^{\infty} y^k e^{-y^2/2} dy = \begin{cases} 0 & k \text{ は奇数} \\ \dfrac{k!}{2^{k/2} \left(\dfrac{k}{2}\right)!} & k \text{ は偶数} \end{cases}$$

をみたすとする．このとき，各実数 ξ に対して，

$$\lim_{n \to \infty} \int_0^1 e^{i\xi f_n(t)} dt = e^{-\xi^2/2}$$

が成り立つことを証明し，(3.4.17) を示せ．

2. 整数列 $\{n_m\}$ は

$$\lim_{m\to\infty} \frac{n_{m+1}}{n_m} = \infty$$

をみたすとする．このとき $k = 0, 1, 2, \cdots$ に対して，

$$\lim_{m\to\infty} \int_0^1 \left(\sqrt{2}\, \frac{\cos 2\pi n_1 t + \cos 2\pi n_2 t + \cdots + \cos 2\pi n_m t}{\sqrt{m}}\right)^k dt$$
$$= \frac{1}{\sqrt{2\pi}} \int_0^1 y^k e^{-y^2/2} dy$$

であり，したがって，

$$\lim_{m\to\infty} \mu\left\{\omega_1 < \sqrt{2}\, \frac{\cos 2\pi n_1 t + \cos 2\pi n_2 t + \cdots + \cos 2\pi n_m t}{\sqrt{m}} < \omega_2\right\}$$
$$= \frac{1}{\sqrt{2\pi}} \int_{\omega_1}^{\omega_2} e^{-y^2/2} dy$$

となることを示せ．

注：同じ方法ではあるが，より巧妙な組合せ的議論を用いると，次が証明できる：
$\sum_{k=1}^{\infty} c_k^2 = \infty$, $|c_k| < M$, $\frac{n_{k+1}}{n_k} > q > 1$ であれば，

$$\lim_{n\to\infty} \mu\left\{\omega_1 < \sqrt{2}\, \frac{\sum_1^n c_k \cos 2\pi n_k t}{\sqrt{\sum_1^n c_k^2}} < \omega_2\right\} = \frac{1}{\sqrt{2\pi}} \int_{\omega_1}^{\omega_2} e^{-y^2/2} dy\,.$$

とくに, $\sum_1^{\infty} c_k^2 = \infty$ より, $\sum_1^{\infty} c_k \cos 2\pi n_k t$ がほとんどいたる所で発散することが導かれる (もちろん, cos を sin に置き換えても, 同じ議論ができる).

これが 2.6 節例 2 で使った方法と密接に関係していることは分かると思う.

3. $\sigma(\omega)$ を分布関数として,
$$c(\xi) = \int_{-\infty}^{\infty} e^{i\xi\omega} d\sigma(\omega)$$
とおく.このとき次を示せ.
$$\lim_{T\to\infty} \frac{1}{T} \int_0^T |c(\xi)|^2 d\xi = \sigma(\omega) \text{ の不連続点における跳躍の平方和}.$$
(この単純だが美しい定理は,N. ウィーナーによる.)
(証明のためには,$f(t)$ が上述の $\sigma(\omega)$ の逆関数のとき,
$$c(\xi) = \int_0^1 e^{i\xi f(t)} dt$$
であることに注意すればよい.このとき,
$$\frac{1}{T} \int_0^T |c(\xi)|^2 d\xi = \int_0^1 \int_0^1 \frac{1}{T} \int_0^T e^{i\xi(f(s)-f(t))} d\xi ds dt$$
であり,
$$\lim_{T\to\infty} \frac{1}{T} \int_0^T e^{i\xi(f(t)-f(s))} d\xi = \begin{cases} 0 & f(t) \neq f(s) \\ 1 & f(t) = f(s) \end{cases}$$
となる.したがって,有界収束定理より,
$$\lim_{T\to\infty} \frac{1}{T} \int_0^T |c(\xi)|^2 d\xi$$
は存在して,$f(t) = f(s)$ をみたす点 (t, s) ($0 \leq t, s \leq 1$) 全体の測度に等しい.これは,求める定理と同値である).

4. 有限個を除いて $c_k = 0$ とならない限り,$\sum_1^k c_k^2 < \infty$ のとき,
$$f(t) = \sum_{k=1}^{\infty} c_k r_k(t)$$

が正測度の集合の上で一定値を取ることはあり得ないことを証明せよ.

3.5 自然法則か,それとも,数学の定理か？

この章を終わるにあたって,概念的にも技術的にも極めて教育的な例を考察しよう.まず,3つの定義が必要となる.

1° **相対測度**. A を実数の集合として,$(-T,T)$ に含まれる A の部分,すなわち $A \cap (-T,T)$ を考える.A の相対測度 $\mu_R\{A\}$ は,極限が存在するとき,

$$(3.5.27) \qquad \mu_R\{A\} = \lim_{T\to\infty} \frac{1}{2T} \mu\{A \cap (-T,T)\}$$

で定義される.相対測度は可算加法的ではない.たとえば,$A_i = (i, i+1), i = 0, \pm 1, \pm 2, \cdots$ のとき,

$$\mu_R\left\{\bigcup_{i=-\infty}^{\infty} A_i\right\} = 1$$

であるが,

$$\sum_{i=-\infty}^{\infty} \mu_R\{A_i\} = 0$$

となる.

2° **関数の平均値**. 関数 $f(t), -\infty < t < \infty$ の平均値 $M\{f(t)\}$ は,極限が存在するとき,

$$(3.5.28) \qquad M\{f(t)\} = \lim_{T\to\infty} \frac{1}{2T} \int_{-T}^{T} f(t) dt$$

で定義される.

3° **実数の1次独立性**. 実数 $\lambda_1, \lambda_2, \cdots$ は,方程式

$$(3.5.29) \qquad k_1 \lambda_1 + k_2 \lambda_2 + \cdots = 0$$

の整数解 $(k_1, k_2, \cdots)$ が $k_1 = k_2 = \cdots = 0$ に限るとき，1 次独立 (または，有理数体上 1 次独立) であるという．

1 次独立な実数として，もっとも有名なのは，素数 $(p_1 = 2, p_2 = 3, \cdots)$ の対数からなる数列

$$\log p_1, \log p_2, \log p_3, \cdots \tag{3.5.30}$$

であろう．読者はきっと気付いたことと思うが，(3.5.30) の 1 次独立性は，素因数分解の一意性と同値である．この単純で美しい性質は，1910 年 H. ボーア (H.Bohr) が指摘して，有名なリーマン (Riemann) のゼータ関数に関連する多くの問題への新たな攻略法の出発点として使った．

以下，$\lambda_1, \lambda_2, \cdots$ を，1 次独立な実数列として，関数

$$\sqrt{2}\,\frac{\cos \lambda_1 t + \cdots + \cos \lambda_n t}{\sqrt{n}} \tag{3.5.31}$$

を考え，$A_n(\omega_1, \omega_2)$ を

$$\omega_1 < \sqrt{2}\,\frac{\cos \lambda_1 t + \cdots + \cos \lambda_n t}{\sqrt{n}} < \omega_2 \tag{3.5.32}$$

をみたす t の部分集合とする．このとき，$\mu_R\{A_n(\omega_1, \omega_2)\}$ が定義できて，

$$\lim_{n \to \infty} \mu_R\{A_n(\omega_1, \omega_2)\} = \frac{1}{\sqrt{2\pi}} \int_{\omega_1}^{\omega_2} e^{-y^2/2} dy \tag{3.5.33}$$

が成り立つことを証明しよう．本章 3.3 節の記号を使うと，

$$\begin{aligned}
&\frac{1}{2T}\int_{-T}^{T} g_\varepsilon^-\left(\sqrt{2}\,\frac{\cos \lambda_1 t + \cdots + \cos \lambda_n t}{\sqrt{n}}\right) dt \\
&\leq \frac{1}{2T}\int_{-T}^{T} g\left(\sqrt{2}\,\frac{\cos \lambda_1 t + \cdots + \cos \lambda_n t}{\sqrt{n}}\right) \\
&\leq \frac{1}{2T}\int_{-T}^{T} g_\varepsilon^+\left(\sqrt{2}\,\frac{\cos \lambda_1 t + \cdots + \cos \lambda_n t}{\sqrt{n}}\right) dt,
\end{aligned} \tag{3.5.34}$$

(3.5.35)
$$\frac{1}{2T}\int_{-T}^{T} g_\varepsilon^\pm \left(\sqrt{2}\,\frac{\cos\lambda_1 t + \cdots + \cos\lambda_n t}{\sqrt{n}}\right) dt$$
$$= \frac{1}{2\pi}\int_{-\infty}^{\infty} G_\varepsilon^\pm(\xi) \left[\frac{1}{2T}\int_{-T}^{T} \exp\left(-i\xi\sqrt{2}\,\frac{\cos\lambda_1 t + \cdots + \cos\lambda_n t}{\sqrt{n}}\right) dt\right] d\xi,$$

ここで, $G_\varepsilon^+(\xi), G_\varepsilon^-(\xi)$ はともに $(-\infty, \infty)$ で**絶対可積分**である．(したがって, 積分順序の変換は容易に正当化される．)

次に

(3.5.36)
$$\lim_{T\to\infty} \frac{1}{2T}\int_{-T}^{T} \exp\left(-i\xi\sqrt{2}\,\frac{\cos\lambda_1 t + \cdots + \cos\lambda_n t}{\sqrt{n}}\right) dt$$
$$= J_0^n\left(\sqrt{2}\,\frac{\xi}{\sqrt{n}}\right)$$

を証明しよう．ただし，J_0 は，馴染み深いベッセル関数である．

以下では，$n = 2$ の場合のみを証明をする．一般の n に対する証明もまったく同様である．

簡単のため, $\eta = -\xi\sqrt{2}/\sqrt{n}$ とおくと，

(3.5.37)
$$\frac{1}{2T}\int_{-T}^{T} e^{i\eta(\cos\lambda_1 t + \cos\lambda_2 t)} dt$$
$$= \sum_{k,l=0}^{\infty} \frac{(i\eta)^k (i\eta)^l}{k!\,l!} \frac{1}{2T}\int_{-T}^{T} \cos^k \lambda_1 t \cos^l \lambda_2 t\, dt$$

であるから

$$\lim_{T\to\infty} \frac{1}{2T}\int_{-T}^{T} \cos^k \lambda_1 t \cos^l \lambda_2 t\, dt = M\{\cos^k \lambda_1 t \cos^l \lambda_2 t\}$$

を求めればよい．ここで，

$$\cos^k \lambda_1 t \cos^l \lambda_2 t = \frac{1}{2^k}\cdot\frac{1}{2^l}\left(e^{i\lambda_1 t} + e^{-i\lambda_1 t}\right)^k \left(e^{i\lambda_2 t} + e^{-i\lambda_2 t}\right)^l$$
$$= \frac{1}{2^k}\cdot\frac{1}{2^l}\sum_{r=0}^{k}\sum_{s=0}^{l}\binom{k}{r}\binom{l}{s} e^{i[(2r-k)\lambda_1 + (2s-l)\lambda_2]t}$$

であり，

$$M\{e^{i\alpha t}\} = \lim_{T \to \infty} \frac{1}{2T} \int_{-T}^{T} e^{i\alpha t} dt = \begin{cases} 1 & \alpha = 0 \\ 0 & \alpha \neq 0 \end{cases}$$

である．λ_1, λ_2 の 1 次独立性より，

$$(2r - k)\lambda_1 + (2s - l)\lambda_2$$

が 0 となるのは，$2r = k, 2s = l$ のときに限る．よって，k と l がともに偶数の場合，

(3.5.38) $$M\{\cos^k \lambda_1 t \cos^l \lambda_2 t\} = \frac{1}{2^k} \begin{pmatrix} k \\ \frac{k}{2} \end{pmatrix} \frac{1}{2^l} \begin{pmatrix} l \\ \frac{l}{2} \end{pmatrix}$$

であり，他の場合には，0 となる．(3.5.38) は，

(3.5.39) $$M\{\cos^k \lambda_1 t \cos^l \lambda_2 t\} = M\{\cos^k \lambda_1 t\} \, M\{\cos^l \lambda_2 t\}$$

という形に書けるので，これと (3.5.37) より，

(3.5.40) $$M\{e^{i\eta(\cos \lambda_1 t + \cos \lambda_2 t)}\} = M\{e^{i\eta \cos \lambda_1 t}\} M\{e^{i\eta \cos \lambda_2 t}\}$$

が従う．明らかに，

(3.5.41) $$M\{e^{i\eta \cos \lambda t}\} = \frac{1}{2\pi} \int_0^{2\pi} e^{i\eta \cos \theta} d\theta = J_0(\eta)$$

であるから，(3.5.40) より，

$$M\{e^{i\eta(\cos \lambda_1 t + \cos \lambda_2 t)}\} = J_0^2(\eta)$$

を得る．以上で，(3.5.36) の証明は終わることにする．

(3.5.34) で $T \to \infty$ とし，(3.5.35), (3.5.36) を使うと，

(3.5.42) $$\frac{1}{2\pi} \int_{-\infty}^{\infty} G_\varepsilon^-(\xi) J_0^n\left(\sqrt{2} \frac{\xi}{\sqrt{n}}\right) d\xi$$
$$\leq \liminf_{T \to \infty} \frac{1}{2T} \int_{-T}^{T} g\left(\sqrt{2} \frac{\cos \lambda_1 t + \cdots + \cos \lambda_n t}{\sqrt{n}}\right) dt$$

$$\leq \limsup_{T\to\infty} \frac{1}{2T} \int_{-T}^{T} g\left(\sqrt{2}\,\frac{\cos\lambda_1 t + \cdots + \cos\lambda_n t}{\sqrt{n}}\right) dt$$
$$\leq \frac{1}{2\pi} \int_{-\infty}^{\infty} G_\varepsilon^+(\xi) J_0^n\left(\sqrt{2}\frac{\xi}{\sqrt{n}}\right) d\xi$$

を得る. $\eta \to \pm\infty$ のとき,

$$J_0(\eta) = O\left(\frac{1}{\sqrt{\eta}}\right)$$

となることは良く知られているので, $n \geq 3$ のとき,

$$J_0^n\left(\sqrt{2}\frac{\xi}{\sqrt{n}}\right)$$

は, ξ について $[(-\infty, \infty)$ で] 絶対可積分である. これより, $n \geq 3$ のとき,

$$\lim_{\varepsilon\to\infty} \frac{1}{2\pi} \int_{-\infty}^{\infty} G_\varepsilon^-(\xi) J_0^n\left(\sqrt{2}\frac{\xi}{\sqrt{n}}\right) d\xi$$
$$= \lim_{\varepsilon\to 0} \frac{1}{2\pi} \int_{-\infty}^{\infty} G_\varepsilon^+(\xi) J_0^n\left(\sqrt{2}\frac{\xi}{\sqrt{n}}\right) d\xi$$

となり, よって,

$$\lim_{T\to\infty} \frac{1}{2T} \int_{-T}^{T} g\left(\sqrt{2}\,\frac{\cos\lambda_1 t + \cdots + \cos\lambda_n t}{\sqrt{n}}\right) dt = \mu_R\{A_n(\omega_1, \omega_2)\}$$

が存在する[2]. したがって, (3.5.42) は,

$$\frac{1}{2\pi} \int_{-\infty}^{\infty} G_\varepsilon^-(\xi) J_0^n\left(\sqrt{2}\frac{\xi}{\sqrt{n}}\right) d\xi \leq \mu_R\{A_n(\omega_1, \omega_2)\}$$
$$\leq \frac{1}{2\pi} \int_{-\infty}^{\infty} G_\varepsilon^+(\xi) J_0^n\left(\sqrt{2}\frac{\xi}{\sqrt{n}}\right) d\xi$$

の形に書け,

$$\lim_{n\to\infty} J_0^n\left(\sqrt{2}\frac{\xi}{\sqrt{n}}\right) = e^{-\xi^2/2}$$

---

[2] $n = 1, 2$ に対しても成り立つが, 証明は修正を要する.

となることが容易に確かめられる．あとは，3.3 節と同様にして，(3.5.33) の証明は完了する．

関数

$$q_n(t) = \sqrt{2}\,\frac{\cos \lambda_1 t + \cdots + \cos \lambda_n t}{\sqrt{n}}$$

を，非通約的振動数を持つ振動の重ね合わせと考えると，定理 (3.5.33) は，$q_n(t)$ が ω_1 と ω_2 の間に滞在する相対時間について正確な情報を与えている．このように，通常はランダムな現象に伴う正規法則

$$\frac{1}{\sqrt{2\pi}}\int_{\omega_1}^{\omega_2} e^{-y^2/2} dy$$

が導かれたことは，おそらく，決定論と確率論の視点は，一見したところそう思われるほどには宥和不可能なものでないことの徴候であろう．この問題にこれ以上かかわっていると，途方もない世界にさ迷い出てしまいそうであるが，ここでポアンカレ (Poincaré) の (本音とも洒落ともつかぬ) 言葉を引用しておくことにしよう．

「正規法則には神秘的なところがあり，数学者は自然界の法則と考え，物理学者は数学の定理と信じている．」

演習問題

1. $\lambda_1, \cdots, \lambda_n$ が 1 次独立であるとき，
$\cos \lambda_1 t, \cdots, \cos \lambda_n t$ は統計的に独立となること，すなわち，任意の実数 $\alpha_1, \cdots, \alpha_n$ に対して，

$$\mu_R\{\cos \lambda_1 t \le \alpha_1, \cdots, \cos \lambda_n t \le \alpha_n\} = \prod_{k=1}^n \mu_R\{\cos \lambda_k t \le \alpha_k\}$$

が成り立つことを証明せよ．(もちろん，この性質が (3.5.33) の証明の核心である．)

2. $s = \sigma + it, \sigma > 1$ として，リーマンのゼータ関数

$$\zeta(s) = \sum_{n=1}^{\infty} \frac{1}{n^s} = \prod_p \frac{1}{1 - \frac{1}{p^s}}$$

を考える．$l > 0$ に対して，

$$M\{|\zeta(\sigma+it)|^l\} = M\left\{\frac{1}{|\zeta(\sigma+it)|^{l-2}}\right\} \zeta^{l-1}(2\sigma)$$

が成り立つことを証明せよ．

参考文献

(1) A.Markov, *Wahrscheinlichkeitsrechnung*, Teubner, Leipzig, 1912.

(2) M.Loève, *Probability Theory*, Van Nostrand and Co., Princeton, 1955.
   この本には，分布関数について，とくにポール・レヴィの仕事について詳しい説明がある．

(3) M.Kac and H.Steinhaus, "Sur les fonctions indépendantes IV," *Studia Math.*, **7** (1938), 1–15.

第 4 章

素数は賽を振る

4.1 数論的関数，密度，独立性

数論的関数 $f(n)$ とは，正の整数 $1, 2, 3, \cdots$ 全体で定義された関数である．その平均 $M\{f(n)\}$ は，(存在すれば) 次の極限で定義される．

$$(4.1.1) \qquad M\{f(n)\} = \lim_{N \to \infty} \frac{1}{N} \sum_{n=1}^{N} f(n)$$

また，正の整数からなる集合 A に対して，$A(N)$ で，A に含まれる N 以下の要素の個数を表わし，極限

$$(4.1.2) \qquad \lim_{N \to \infty} \frac{A(N)}{N} = D\{A\}$$

が存在すれば，これを A の**密度**という．密度は相対測度 (第 3 章 3.5 節参照) の類比であり，相対測度と同じく，完全加法的でない．

素数 p で割り切れる整数の全体を考えてみよう．この集合の密度は明らかに $1/p$ である．次に，p と q (別の素数) の 2 つで割り切れる整数の集合を考えてみよう．p と q で割り切れることは，pq の倍数であることと同値であるから，この集合の密度 $1/pq$ と等しい．このとき，

$$(4.1.3) \qquad \frac{1}{pq} = \frac{1}{p} \cdot \frac{1}{q}$$

であり，これは，p で割り切れるという「事象」と q で割り切れるという「事象」が独立であるという解釈ができる．それは他の素数たちについても成り立つことであり，正確なことば遣いではないが，"絵のように"表現すれば，「素数は賭けをする」と言えそうである．ほとんど自明ともいえるこの単純な観察が，一方には数論，他方には確率論を本質的な形で結びつける新たな展開のはじまりであった．

以下，この展開について，初等的な側面は詳しく説明し，やや高級な側面は手短かに概観しよう．

4.2 オイラーの関数 ϕ の統計学

n 以下で，n と互いに素な正の整数の個数を $\phi(n)$ で表わす．この数論的関数は，オイラー (Euler) が最初に導入したもので，多くの応用をもつとともに，それ自身たいへん興味深い対象である．

次はただちに確かめることができる．

$$(m, n) = 1 \quad (\text{すなわち，} m \text{ と } n \text{ が互いに素})$$

のとき，

$$(4.2.4) \qquad \phi(mn) = \phi(m)\phi(n),$$

また，

$$(4.2.5) \qquad \phi(p^\alpha) = p^\alpha - p^{\alpha-1}.$$

したがって，

$$(4.2.6) \qquad \phi(n) = \prod_{\substack{p^\alpha \mid n \\ p^{\alpha+1} \nmid n}} (p^\alpha - p^{\alpha-1})$$

となり，素因数分解

$$(4.2.7) \qquad n = \prod_{\substack{p^\alpha \mid n \\ p^{\alpha+1} \nmid n}} p^\alpha$$

の一意性より,

$$(4.2.8) \qquad \frac{\phi(n)}{n} = \prod_{p|n}\left(1 - \frac{1}{p}\right)$$

が成り立つ．ここで,

$$(4.2.9) \qquad \rho_p(n) = \begin{cases} 1 & p|n \\ 0 & p \nmid n \end{cases}$$

で定義される関数 $\rho_p(n)$ を導入しよう．$\rho_p(n)$ を使うと,

$$(4.2.10) \qquad \frac{\phi(n)}{n} = \prod_p \left(1 - \frac{\rho_p(n)}{p}\right)$$

と書ける．

ここで，ε_j が 0 または 1 のとき,

$$(4.2.11) \quad D\{\rho_{p_1}(n) = \varepsilon_1, \rho_{p_2}(n) = \varepsilon_2, \cdots, \rho_{p_k}(n) = \varepsilon_k\}$$
$$= D\{\rho_{p_1}(n) = \varepsilon_1\} D\{\rho_{p_2}(n) = \varepsilon_2\} \cdots D\{\rho_{p_k}(n) = \varepsilon_k\}$$

となることに注意しよう．これは，$p_1, p_2, \cdots, p_n$ で割れるという事象 (または，関数 $\rho_p(n)$) の独立性の別表現である．性質 (4.2.11) より,

$$(4.2.12) \quad M\left\{\prod_{p \leq p_k}\left(1 - \frac{\rho_p(n)}{p}\right)\right\} = \prod_{p \leq p_k} M\left\{\left(1 - \frac{\rho_p(n)}{p}\right)\right\}$$
$$= \prod_{p \leq p_k}\left(1 - \frac{1}{p^2}\right)$$

が導かれ，これより

$$(4.2.13) \qquad M\left\{\frac{\phi(n)}{n}\right\} = M\left\{\prod_p \left(1 - \frac{\rho_p(n)}{p}\right)\right\}$$
$$= \prod_p M\left\{\left(1 - \frac{\rho_p(n)}{p}\right)\right\}$$
$$= \prod_p \left(1 - \frac{1}{p^2}\right) = \frac{1}{\zeta(2)} = \frac{6}{\pi^2}$$

となることが示唆される.

残念ながら,密度 D は可算加法的でないので,(4.2.13) は,(4.2.12) より直接導出することはできない.

他方で,(4.2.13) は,以下のようにすれば,容易に導くことができる.
(4.2.8) より

$$(4.2.14) \qquad \frac{\phi(n)}{n} = \sum_{d|n} \frac{\mu(d)}{d}$$

となる.ここで,$\mu(d)$ はメビウス (Möbius) 関数であり,次のように定義される.

(1) $\mu(1) = 1$

(2) $\mu(m) = 0$ (ある素数の平方で m が割り切れるとき),

(3) $\mu(m) = (-1)^\nu$ (m が相異なる ν 個の素数の積のとき).

したがって,

$$(4.2.15) \qquad \frac{1}{N} \sum_{n=1}^{N} \frac{\phi(n)}{n} = \frac{1}{N} \sum_{d=1}^{\infty} \frac{\mu(d)}{d} \left[\frac{N}{d}\right]$$

となり,これより,

$$(4.2.16) \qquad M\left\{\frac{\phi(n)}{n}\right\} = \sum_{d=1}^{\infty} \frac{\mu(d)}{d^2} = \prod_{p} \left(1 - \frac{1}{p^2}\right) = \frac{1}{\zeta(2)} = \frac{6}{\pi^2}$$

が従う.

以下,

$$(4.2.17) \qquad f_k(n) = \prod_{p \leq p_k} \left(1 - \frac{\rho_p(n)}{p}\right)$$

とおいて,

$$f_k(n) - \frac{\phi(n)}{n}$$

を考える．明らかに，

(4.2.18) $$0 \leq f_k(n) - \frac{\phi(n)}{n} \leq 1$$

であり，さらに，(4.2.16), (4.2.12) より，

(4.2.19) $$M\left\{f_k(n) - \frac{\phi(n)}{n}\right\} = \prod_{p \leq p_k}\left(1 - \frac{1}{p^2}\right) - \prod_{p}\left(1 - \frac{1}{p^2}\right).$$

さて，$l > 1$ に対して，

(4.2.20) $$0 \leq f_k^l(n) - \left(\frac{\phi(n)}{n}\right)^l \leq l\left(f_k(n) - \frac{\phi(n)}{n}\right)$$

であるから，

$$\frac{1}{N}\sum_{n=1}^{N} f_k^l(n) \geq \frac{1}{N}\sum_{n=1}^{N}\left(\frac{\phi(n)}{n}\right)^l$$
$$\geq \frac{1}{N}\sum_{n=1}^{N} f_k^l(n) - \frac{l}{N}\sum_{n=1}^{N}\left(f_k(n) - \frac{\phi(n)}{n}\right).$$

ここで，$N \to \infty$ とすると，

(4.2.21) $$M\{f_k^l(n)\} \geq \limsup_{N \to \infty} \frac{1}{N}\sum_{n=1}^{N}\left(\frac{\phi(n)}{n}\right)^l$$
$$\geq \liminf_{N \to \infty} \frac{1}{N}\sum_{n=1}^{N}\left(\frac{\phi(n)}{n}\right)^l$$
$$\geq M\{f_k^l(n)\} - lM\left\{f_k(n) - \frac{\phi(n)}{n}\right\}.$$

ところで，

$$M\{f_k^l(n)\} = M\left\{\prod_{p \leq p_k}\left(1 - \frac{\rho_p(n)}{p}\right)^l\right\}$$
$$= \prod_{p \leq p_k} M\left\{\left(1 - \frac{\rho_p(n)}{p}\right)^l\right\}$$
$$= \prod_{p \leq p_k}\left[1 - \frac{1}{p} + \frac{1}{p}\left(1 - \frac{1}{p}\right)^l\right]$$

であり，これと (4.2.19), (4.2.21) を考え合わせて，$k \to \infty$ とすると，I. シューア (I.Schur) の公式

$$(4.2.22) \qquad M\left\{\left(\frac{\phi(n)}{n}\right)^l\right\} = \prod_p \left[1 - \frac{1}{p} + \frac{1}{p}\left(1 - \frac{1}{p}\right)^l\right]$$

が得られる．

形式的には，(4.2.22) は "1 行で"

$$M\left\{\left(\frac{\phi(n)}{n}\right)^l\right\} = M\left\{\prod_p \left(1 - \frac{\rho_p(n)}{p}\right)^l\right\}$$

$$= \prod_p M\left\{\left(1 - \frac{\rho_p(n)}{p}\right)^l\right\}$$

$$= \prod_p \left[1 - \frac{1}{p} + \frac{1}{p}\left(1 - \frac{1}{p}\right)^l\right]$$

として得られるが，D が可算加法的でないので，上述のような正当化が必要となるのである．

(4.2.10) より，

$$(4.2.23) \qquad \log \frac{\phi(n)}{n} = \sum_p \log\left(1 - \frac{\rho_p(n)}{p}\right)$$

$$= \sum_p \rho_p(n) \log\left(1 - \frac{1}{p}\right)$$

となり，形式的には，各実数 ξ に対して，

$$(4.2.24) \qquad M\left\{\exp\left(i\xi \log \frac{\phi(n)}{n}\right)\right\}$$

$$= \prod_p M\left\{\exp\left(i\xi \rho_p(n) \log(1 - \frac{1}{p})\right)\right\}$$

$$= \prod_p \left(1 - \frac{1}{p} + \frac{1}{p}\exp\left(i\xi \log\left(1 - \frac{1}{p}\right)\right)\right) = c(\xi).$$

が導かれる．(4.2.24) の厳密な証明は，(4.2.22) の場合とほとんど同じであ

るから，読者に委せてよいだろう．

さて，$K_N(\omega)$ で，
$$\log \frac{\phi(n)}{n} < \omega$$
をみたし，N を超えない自然数 n の個数を表わす．

(4.2.25) $$\sigma_N(\omega) = \frac{K_N(w)}{N}$$

とおくと，$\sigma_N(\omega)$ は**分布関数**であり，

(4.2.26) $$\int_{-\infty}^{\infty} e^{i\xi\omega} d\sigma_N(\omega)$$
$$= \frac{\exp\left(i\xi \log \frac{\phi(1)}{1}\right) + \cdots + \exp\left(i\xi \log \frac{\phi(N)}{N}\right)}{N}$$

となることに注意しよう．すると，(4.2.24) より，

(4.2.27) $$\lim_{N \to \infty} \int_{-\infty}^{\infty} e^{i\xi\omega} d\sigma_N(\omega) = M\left\{\exp\left(i\xi \log \frac{\phi(n)}{n}\right)\right\}$$

(4.2.28) $$= c(\xi)$$

が得られ，また，$c(\xi)$ が $\xi = 0$ で連続であることも容易に分かる．したがって，第 3 章 3.4 節の最後の定理より，

(4.2.29) $$\int_{-\infty}^{\infty} e^{i\xi\omega} d\sigma(\omega) = c(\xi)$$
$$= \prod_p \left(1 - \frac{1}{p} + \frac{1}{p} \exp\left(i\xi \log\left(1 - \frac{1}{p}\right)\right)\right),$$

および，$\sigma(\omega)$ の連続点 ω においては

(4.2.30) $$\lim_{N \to \infty} \sigma_N(\omega) = \sigma(\omega)$$

をみたす分布関数 $\sigma(\omega)$ が存在する．ここで $\sigma(\omega)$ が各点 ω において連続であることを証明するのはやさしい．そのためには，第 3 章の演習問題 3 の結

果を使う．まず，[(4.2.28) より]

(4.2.31)
$$|c(\xi)|^2 = \prod_p \left[\left(1-\frac{1}{p}\right)^2 + \frac{2}{p}\left(1-\frac{1}{p}\right)\cos\left(\xi\log\left(1-\frac{1}{p}\right)\right) + \frac{1}{p^2}\right]$$
$$\leq \prod_{p\leq p_k} \left[\left(1-\frac{1}{p}\right)^2 + \frac{2}{p}\left(1-\frac{1}{p}\right)\cos\left(\xi\log\left(1-\frac{1}{p}\right)\right) + \frac{1}{p^2}\right],$$

であり，かつ，

$$\log\left(1-\frac{1}{p}\right)$$

は 1 次独立である (本節末の問題 1)．

第 3 章 3.5 節の議論より，

$$\lim_{T\to\infty}\frac{1}{T}\int_0^T \prod_{p\leq p_k}\left[\left(1-\frac{1}{p}\right)^2 + \frac{2}{p}\left(1-\frac{1}{p}\right)\cos\left(\xi\log(1-\frac{1}{p})\right) + \frac{1}{p^2}\right]d\xi$$
$$= \prod_{p\leq p_k}\lim_{T\to\infty}\frac{1}{T}\int_0^T \left[\left(1-\frac{1}{p}\right)^2 + \frac{2}{p}\left(1-\frac{1}{p}\right)\cos\left(\xi\log(1-\frac{1}{p})\right) + \frac{1}{p^2}\right]d\xi$$
$$= \prod_{p\leq p_k}\left[\left(1-\frac{1}{p}\right)^2 + \frac{1}{p^2}\right]$$

となる．また，素数についての初等的な事実より，

$$\lim_{k\to\infty}\prod_{p\leq p_k}\left[\left(1-\frac{1}{p}\right)^2 + \frac{1}{p^2}\right] = \prod_p \left[\left(1-\frac{1}{p}\right)^2 + \frac{1}{p^2}\right]$$
$$= 0$$

となることを知っている．よって，

(4.2.32)
$$\lim_{T\to\infty}\frac{1}{T}\int_0^T |c(\xi)|^2 d\xi = 0$$

を得る．したがって，$\sigma(\omega)$ はすべての ω に対して連続である．

以上をまとめておこう：

すべての ω に対して密度

$$D\left\{\log\frac{\phi(n)}{n} < \omega\right\} = \sigma(\omega)$$

が存在し，連続であり，

$$\int_{-\infty}^{\infty} e^{i\xi\omega} d\sigma(\omega) = \prod_p \left[\left(1 - \frac{1}{p}\right) + \frac{1}{p}\exp\left(i\xi\log\left(1-\frac{1}{p}\right)\right)\right]$$

が成り立つ．

この結果 (I. シェーンベルグ (I.Schoenberg) により最初に得られた．) は，より初等的に導くことができ，P. エルデシュ (P.Erdös) により広く一般化されている[1]．迂回路を選んだのは，結果のもつ確率論独特の香りを漂わせ，さまざまなアイデアと技法の間の相互作用を見せるためであった．

(4.2.24) は，明らかに，我々の出発点であった公式

$$\frac{\sin\xi}{\xi} = \prod_{k=1}^{\infty} \cos\frac{\xi}{2^k}$$

の類比である．それは，言わば，同じ主題に基づく変奏曲であり，ひとつの主題がかくも多様な変奏を許すことは，明らかに，その"旋律"的な内容の豊かさからの賜物である．

演習問題

1. $\log\left(1 - \frac{1}{p}\right)$ および $\log\left(1 + \frac{1}{p}\right)$ が 1 次独立であることを示せ．

2. 約数の和 $\sigma(n)$ の統計

   (a) n を素因数分解したときの素数 p の指数を $\alpha_p(n)$ で表わす．すなわち，

---

[1] エルデシュは，この $\sigma(\omega)$ が特異である，すなわち，ほとんどいたる所で $\sigma'(\omega) = 0$ であるという注目すべき定理も証明している．

$$n = \prod_p p^{\alpha_p(n)}.$$

このとき，$\alpha_p(n)$ は，統計的に独立であることを示せ．

(b) $\sigma(n)$ を n の約数の和として，次式を示せ．
$$\frac{\sigma(n)}{n} = \prod_p \left(1 + \frac{1}{p} + \cdots + \frac{1}{p^{\alpha_p(n)}}\right)$$

(c) $\dfrac{\sigma(n)}{n} = \sum_{k|n} \dfrac{1}{k}$ を用いて，$M\left\{\dfrac{\sigma(n)}{n}\right\} = \dfrac{\pi^2}{6}$ を示せ．

(d) 次式を示せ．
$$M\left\{\prod_{p \le p_k}\left(1 + \frac{1}{p} + \cdots + \frac{1}{p^{\alpha_p(n)}}\right)\right\} = \prod_{p \le p_k} \frac{1}{1 - \dfrac{1}{p^2}}$$

(e) $f_k(n) = \displaystyle\prod_{p \le p_k}\left(1 + \dfrac{1}{p} + \cdots + \dfrac{1}{p^{\alpha_p(n)}}\right)$ とおく．
$$\frac{f_k(n)}{\dfrac{\sigma(n)}{n}} = \prod_{p > p_k} \frac{1}{1 + \dfrac{1}{p} + \cdots + \dfrac{1}{p^{\alpha_p(n)}}}$$

に注意して，
$$\prod_{p > p_k}\left(1 - \frac{\rho_p(n)}{p}\right) \le \frac{f_k(n)}{\dfrac{\sigma(n)}{n}} \le \prod_{p > p_k} \frac{1}{1 + \dfrac{\rho_p(n)}{p}}$$

を示せ．

(f) 次式を示せ．
$$M\left\{e^{i\xi \log \frac{\sigma(n)}{n}}\right\}$$
$$= \prod_p M\left\{\exp\left[i\xi \log\left(1 + \frac{1}{p} + \cdots + \frac{1}{p^{\alpha_p(n)}}\right)\right]\right\}$$

$$= \prod_p \left[1 - \frac{1}{p} + \sum_{\alpha=1}^{\infty} \left(\frac{1}{p^\alpha} - \frac{1}{p^{\alpha+1}} \right) \right.$$
$$\left. \times \exp \left[i\xi \log \left(1 + \frac{1}{p} + \cdots + \frac{1}{p^\alpha} \right) \right] \right]$$
$$= c(\xi)$$

(g) $\log \left(1 + \dfrac{1}{p} \right)$ が 1 次独立であること，および

$$\left| 1 - \frac{1}{p} + \sum_{\alpha=1}^{\infty} \left(\frac{1}{p^\alpha} - \frac{1}{p^{\alpha+1}} \right) \exp \left[i\xi \log \left(1 + \frac{1}{p} + \cdots + \frac{1}{p^\alpha} \right) \right] \right|$$
$$\leq \left| 1 - \frac{1}{p} + \frac{1}{p} \left(1 - \frac{1}{p} \right) \exp \left[i\xi \log \left(1 + \frac{1}{p} \right) \right] \right| + \frac{1}{p^2}$$
$$= \left(1 - \frac{1}{p} \right) \sqrt{1 + \frac{2}{p} \cos \left[\xi \log \left(1 + \frac{1}{p} \right) \right] + \frac{1}{p^2}} + \frac{1}{p^2}$$

という事実を使って，

$$D \left\{ \frac{\sigma(n)}{n} < \omega \right\} = \tau(\omega)$$

が存在して，ω の連続関数となることを示せ．

最初は H. ダヴェンポート (H.Davenport) により得られたこの結果は，エルデシュによる一般的な定理に含まれる．

$\omega = 2$ の場合は，とくに興味深く，"余剰数"($\sigma(n) > 2n$ となる n) と "不足数"($\sigma(n) < 2n$ なる n) はともに正の密度を持つことが分かる．また，"完全数"($\sigma(n) = 2n$ となる n) の密度は 0 となることも従う．なお，完全数は有限個しか存在しないと予想されている．

3. **逆変換公式**　分布関数 $\sigma(\omega)$ に対して，

$$\int_{-\infty}^{\infty} e^{i\xi\omega} d\sigma(\omega) = c(\xi)$$

とおくと，ω_1, ω_2 が σ の連続点のとき，

$$\frac{1}{2\pi}\int_{-\infty}^{\infty}\frac{e^{i\omega_2\xi}-e^{i\omega_1\xi}}{i\xi}c(\xi)d\xi = \sigma(\omega_2)-\sigma(\omega_1)$$

が成り立つことを示せ．もし，ω_1, ω_2 のどちらか，または双方が不連続点であれば，上式の $\sigma(\omega_1), \sigma(\omega_2)$ はそれぞれ，

$$\frac{\sigma(\omega_1-0)+\sigma(\omega_1+0)}{2}, \quad \frac{\sigma(\omega_2-0)+\sigma(\omega_2+0)}{2}$$

に置き換えればよい．とくに，

$$D\left\{\omega_1 < \log\frac{\phi(n)}{n} < \omega_2\right\}$$
$$= \frac{1}{2\pi}\int_{-\infty}^{\infty}\frac{e^{i\omega_2\xi}-e^{i\omega_1\xi}}{i\xi}\prod_p\left(1-\frac{1}{p}+\frac{1}{p}\exp\left[i\xi\log\left(1-\frac{1}{p}\right)\right]\right)d\xi$$

となることを示せ．これは明示的であるが，ほとんど使い道のない公式である！

4.3　もうひとつ，応用

$\omega(n)$ で，n の素因数の個数 (重複度も数えて) を表わす．すなわち，

(4.3.33) $$\omega(n) = \sum_p \alpha_p(n)$$

ここで，$\alpha_p(n)$ は，前節 4.2 の問題 2 で定義したものである．また $\nu(n)$ で，n を素因数分解したときの相異なる素因数の個数とする．すなわち，

(4.3.34) $$\nu(n) = \sum_p \rho_p(n)$$

これらの差 $\omega(n) - \nu(n)$ を余剰とよび，余剰が k となる自然数の密度 ($k \geq 0$，整数)，すなわち，

(4.3.35) $$d_k = D\{\omega(n)-\nu(n)=k\}.$$

を決定しよう．言うまでもないが，この密度の存在は明らかではなく，証明の必要がある．

第 1 章の公式 (1.5.13)，すなわち，m が整数のとき，

$$(4.3.36) \qquad \frac{1}{2\pi}\int_0^{2\pi} e^{imx}dx = \begin{cases} 1 & m = 0, \\ 0 & m \neq 0, \end{cases}$$

から出発して，

$$(4.3.37) \qquad \frac{1}{N}\sum_{n=1}^N \frac{1}{2\pi}\int_0^{2\pi} e^{i(\omega(n)-\nu(n)-k)x}dx \\ = \frac{1}{2\pi}\int_0^{2\pi} e^{-ikx}\frac{1}{N}\sum_{n=1}^N e^{i(\omega(n)-\nu(n))x}dx$$

を考える．(4.3.36) より，(4.3.37) の左辺は N 以下の正整数 n で，余剰がちょうど k に等しいものの割合を表わしている．したがって，極限が存在すれば，

$$(4.3.38) \qquad d_k = \lim_{N\to\infty}\frac{1}{N}\sum_{n=1}^N \frac{1}{2\pi}\int_0^{2\pi} e^{i(\omega(n)-\nu(n)-k)x}dx$$

である．

ふたたび有界収束定理を使えば，(4.3.37) より，各実数 x に対して，極限

$$(4.3.39) \qquad \lim_{N\to\infty}\frac{1}{N}\sum_{n=1}^N e^{i(\omega(n)-\nu(n))x} = M\{e^{i(\omega(n)-\nu(n))x}\}$$

の存在を証明すれば十分であることが分かる．

このとき，

$$\omega(n) - \nu(n) = \sum_p (\alpha_p(n) - \rho_p(n))$$

であり，容易に分かるように，$\alpha_p(n) - \rho_p(n)$ は独立である．したがって，極限 (4.3.39) の存在だけでなく，次も示唆される．

$$(4.3.40) \qquad M\left\{e^{i(\omega(n)-\nu(n))x}\right\}$$

$$= M\left\{\exp\left[ix\sum_p(\alpha_p(n)-\rho_p(n))\right]\right\}$$
$$= \prod_p M\left\{e^{ix(\alpha_p(n)-\rho_p(n))}\right\}$$
$$= \prod_p \left[1-\frac{1}{p}+\sum_{\alpha=1}^{\infty}\left(\frac{1}{p^\alpha}-\frac{1}{p^{\alpha+1}}\right)e^{ix(\alpha-1)}\right]$$
$$= \prod_p \left(1-\frac{1}{p}\right)\left(1+\frac{1}{p-e^{ix}}\right)$$

その厳密な正当化は容易で，4.2 節と同様にすればよい．まず，素数 p ごとに，

$$\sum_{n=1}^{N}(\alpha_p(n)-\rho_p(n))$$

を考えて，$\alpha_p(n)=\beta$ をみたす整数 $n,\ 1\leq n\leq N$ を調べよう．それらは，p^β で割り切れるが，$p^{\beta+1}$ では割り切れない整数 n である．よって，その個数は

$$\left[\frac{N}{p^\beta}\right]-\left[\frac{N}{p^{\beta+1}}\right]$$

となる．したがって，

(4.3.41) $$\sum_{n=1}^{N}(\alpha_p(n)-\rho_p(n))=\sum_{\beta\geq 2}(\beta-1)\left\{\left[\frac{N}{p^\beta}\right]-\left[\frac{N}{p^{\beta+1}}\right]\right\}.$$

が成り立つ．ここで，

(4.3.42) $$g_k(n)=\sum_{p>p_k}(\alpha_p(n)-\rho_p(n))$$

とおくと，(4.3.41) より

(4.3.43) $$M\{g_k(n)\}=\sum_{p>p_k}\sum_{\beta\geq 2}(\beta-1)\left(\frac{1}{p^\beta}-\frac{1}{p^{\beta+1}}\right)$$
$$<\sum_{p>p_k}\sum_{\beta\geq 2}(\beta-1)\frac{1}{p^\beta}=\sum_{p>p_k}\frac{1}{(p-1)^2}.$$

が導かれることに注意しておく．さて，

$$(4.3.44) \quad \frac{1}{N}\sum_{n=1}^{N} e^{ix(\omega(n)-\nu(n))}$$
$$= \frac{1}{N}\sum_{n=1}^{N} \exp\left[ix \sum_{p\leq p_k}(\alpha_p(n)-\rho_p(n))\right] e^{ixg_k(n)}$$

より,

$$\left|\frac{1}{N}\sum_{n=1}^{N} e^{ix(\omega(n)-\nu(n))} - \frac{1}{N}\sum_{n=1}^{N} \exp\left[ix \sum_{p\leq p_k}(\alpha_p(n)-\rho_p(n))\right]\right|$$
$$= \left|\frac{1}{N}\sum_{n=1}^{N} \exp\left[ix \sum_{p\leq p_k}(\alpha_p(n)-\rho_p(n))\right]\left(e^{ixg_k(n)}-1\right)\right|$$
$$\leq \frac{1}{N}\sum_{n=1}^{N} |e^{ixg_k(n)}-1| \leq \frac{|x|}{N}\sum_{n=1}^{N} g_k(n) .$$

となる. また,

$$\lim_{N\to\infty} \frac{1}{N}\sum_{n=1}^{N} \exp\left[ix \sum_{p\leq p_k}(\alpha_p(n)-\rho_p(n))\right]$$
$$= M\left\{\exp\left[ix \sum_{p\leq p_k}(\alpha_p(n)-\rho_p(n))\right]\right\}$$
$$= \prod_{p\leq p_k} M\left\{e^{ix(\alpha_p(n)-\rho_p(n))}\right\}$$
$$= \prod_{p\leq p_k}\left(1-\frac{1}{p}\right)\left(1+\frac{1}{p-e^{ix}}\right)$$

であるから, (4.3.43) より, 数列

$$\frac{1}{N}\sum_{n=1}^{N} e^{ix(\omega(n)-\nu(n))}$$

の任意の極限点と

$$\prod_{p\leq p_k}\left(1-\frac{1}{p}\right)\left(1+\frac{1}{p-e^{ix}}\right)$$

との距離は,

$$|x|\sum_{p>p_k}\frac{1}{(p-1)^2}$$

未満となる．ところで，k は任意であったから，これよりただちに，

(4.3.45) $$\lim_{N\to\infty}\frac{1}{N}\sum_{n=1}^{N}e^{ix(\omega(n)-\nu(n))}=M\{e^{ix(\omega(n)-\nu(n))}\}$$
$$=\prod_{p}\left(1-\frac{1}{p}\right)\left(1+\frac{1}{p-e^{ix}}\right)$$

が導かれ，(4.3.40) が正当化された．

よって，出発点 (4.3.37), (4.3.38) に戻れば，次が言える．

(4.3.46) $$d_k=D\{\omega(n)-\nu(n)=k\}$$
$$=\frac{1}{2\pi}\int_0^{2\pi}e^{ikx}\prod_p\left(1-\frac{1}{p}\right)\left(1+\frac{1}{p-e^{ix}}\right)dx\ .$$

ここで，関数

(4.3.47) $$F(z)=\prod_p\left(1-\frac{1}{p}\right)\left(1+\frac{1}{p-z}\right)$$

を考えると，この関数は，$z=2,3,5,\cdots$ に 1 位の極を持つ有理型関数である．とくに，$F(z)$ は，円板 $|z|<2$ で解析的であり，べき級数

$$F(z)=\sum_{k=0}^{\infty}a_k z^k$$

に展開できて，その収束半径は 2 である．

この係数 a_k は何だろうか？ よく知られた公式

$$a_k=\frac{1}{2\pi i}\int\frac{F(z)}{z^{k+1}}dz\qquad(\text{積分路は円周}\ |z|=1\ \text{とする})$$

において，$z=e^{ix}$ を代入すると，

$$a_k=d_k$$

を得る．言い換えれば，

$$(4.3.48) \qquad \sum_{k=0}^{\infty} d_k z^k = \prod_p \left(1 - \frac{1}{p}\right)\left(1 + \frac{1}{p-z}\right)$$

となる.この美しい公式は,別な道筋で A. レヌィ(A.Renyi) により発見された.

d_k の具体形を得るのは厄介であるが,大きな k に対する d_k の漸近挙動を決めるのは極めて容易である.

実際,$F(z)$ は,

$$F(z) = \frac{A}{z-2} + G(z)$$

の形に書ける.ここで,$G(z)$ は $|z| < 3$ で解析的な関数で,A ($z = 2$ での留数) は,

$$A = -\frac{1}{2} \prod_{p>2} \left(1 - \frac{1}{p}\right)\left(1 + \frac{1}{p-2}\right)$$

で与えられる.したがって,

$$F(z) = \frac{1}{4} \prod_{p>2} \left(1 - \frac{1}{p}\right)\left(1 + \frac{1}{p-2}\right) \sum_{k=0}^{\infty} \frac{z^k}{2^k} + \sum_{k=0}^{\infty} b_k z^k$$

と表わせ,$\sum b_k z^k$ の収束半径は 3 となる.つまり,

$$d_k = \frac{1}{4} \prod_{p>2} \left(1 - \frac{1}{p}\right)\left(1 + \frac{1}{p-2}\right) \frac{1}{2^k} + b_k$$

と書けて,

$$\limsup_{k \to \infty} |b_k|^{1/k} = \frac{1}{3}$$

となるから,$k \to \infty$ のとき,

$$(4.3.49) \qquad d_k \sim \frac{1}{2^{k+2}} \prod_{p>2} \left(1 - \frac{1}{p}\right)\left(1 + \frac{1}{p-2}\right)$$

つまり,次が成り立つ.

$$\text{(4.3.50)} \qquad \lim_{k\to\infty} 2^{k+2} d_k = \prod_{p>2} \left(1 - \frac{1}{p}\right)\left(1 + \frac{1}{p-2}\right)$$

(4.3.48) の 2 つの特殊な場合は注目に値する．まず，$z=0$ とおくと，

$$d_0 = \prod_p \left(1 - \frac{1}{p^2}\right) = \frac{1}{\zeta(2)} = \frac{6}{\pi^2}$$

となる．これは，"平方因子なし"の数 (すなわち，いかなる完全平方数でも割り切れない数) の密度が $\dfrac{6}{\pi^2}$ であるというよく知られた結果である．

次に $z=1$ とおくと，

$$\sum_{k=0}^{\infty} d_k = \prod_p \left(1 - \frac{1}{p}\right)\left(1 + \frac{1}{p-1}\right) = 1$$

となる．$\omega(n) - \nu(n) = k$ をみたす n の集合は，互いに排反であり，k についての和集合は，自然数全体と一致する．これは，もし密度が可算加法的であったならば，自明なことである．そうでないのに，

$$\sum_{k=0}^{\infty} d_k = 1$$

が成り立つことは，そこそこの驚きである．

4.4　ほとんどすべての整数 m は約 $\log\log m$ 個の素因数を持つ．

整数 m，$1 \le m \le n$ のうち，

(4.4.51) $\qquad \nu(m) < \log\log n - g_n \sqrt{\log\log n}$
$\qquad\qquad$ または $\quad \nu(m) > \log\log n + g_n \sqrt{\log\log n}$

のどちらかが成り立つものを考える．ここで，数列 g_n は限りなく大きくなる，すなわち，

$$\text{(4.4.52)} \qquad \lim_{n\to\infty} g_n = \infty$$

とする．このような整数の個数を K_n で表わし，その大きさを評価しよう．
第 2 章 2.1 節で解説したチェビシェフの手品を使うと，
$$\sum_{m=1}^{n} (\nu(m) - \log\log n)^2 \geq {\sum}' (\nu(m) - \log\log n)^2 \tag{4.4.53}$$

となる．ただし，$\sum'$ は，(4.4.51) をみたす m についての和を表わす．
明らかに，
$$ {\sum}' (\nu(m) - \log\log n)^2 \geq K_n g_n^2 \log\log n \tag{4.4.54}$$

であり，(4.4.53) から，
$$\frac{K_n}{n} \leq \frac{1}{n g_n^2 \log\log n} \sum_{m=1}^{n} (\nu(m) - \log\log n)^2 \tag{4.4.55}$$

を得る．残るは，
$$\sum_{m=1}^{n} (\nu(m) - \log\log n)^2 \tag{4.4.56}$$
$$= \sum_{m=1}^{n} \nu^2(m) - 2\log\log n \sum_{m=1}^{n} \nu(m) + n(\log\log n)^2$$

の評価である．$\rho_p^2 = \rho_p$ より，
$$\nu(m) = \sum_p \rho_p(m),$$
$$\nu^2(m) = \sum_p \rho_p(m) + 2\sum_{p<q} \rho_p(m)\rho_q(m)$$

よって，
$$\sum_{m=1}^{n} \nu(m) = \sum_p \left[\frac{n}{p}\right], \tag{4.4.57}$$
$$\sum_{m=1}^{n} \nu^2(m) = \sum_p \left[\frac{n}{p}\right] + 2\sum_{p<q} \left[\frac{n}{pq}\right] \tag{4.4.58}$$

となる．(4.4.57), (4.4.58) は，n 以下の素数 p, q のみについての和であるから，
$$\sum_{m=1}^{n} \nu(m) \geq n \sum_{p \leq n} \frac{1}{p} - \pi(n) \tag{4.4.59}$$

ここで，$\pi(n)$ は，n 以下の素数の個数を表わす．同様にして，(4.4.58) から，

$$(4.4.60) \quad \sum_{m=1}^{n} \nu^2(m) \leq n \sum_{p \leq n} \frac{1}{p} + 2n \sum_{p<q \leq n} \frac{1}{pq}$$
$$< n \sum_{p \leq n} \frac{1}{p} + n \left(\sum_{p \leq n} \frac{1}{p} \right)^2$$

となる．ここで，

$$(4.4.61) \quad \sum_{p \leq n} \frac{1}{p} = \log \log n + e_n$$

とおくと，e_n は有界となるので，

$$\sum_{m=1}^{n} \nu^2(m) \leq n(\log \log n)^2 + 2ne_n \log \log n$$
$$+ ne_n^2 + n \log \log n + ne_n,$$

$$\sum_{m=1}^{n} \nu(m) \geq n \log \log n + ne_n - \pi(n)$$

となる．したがって，(4.4.56) より，

$$\sum_{m=1}^{n} (\nu(m) - \log \log n)^2 \leq ne_n^2 + n \log \log n + ne_n + 2 \log \log n \, \pi(n)$$

となり，

$$\frac{K_n}{n} \leq \frac{1}{g_n^2} + \frac{e_n^2}{g_n^2 \log \log n} + \frac{e_n}{g_n^2 \log \log n} + 2 \cdot \frac{\pi(n)}{n} \cdot \frac{1}{g_n^2}$$

を得る．e_n は有界であり，$\pi(n) < n$, $g_n \to \infty$ であるから，

$$(4.4.62) \quad \lim_{n \to \infty} \frac{K_n}{n} = 0$$

が従う．

$\log \log m$ はゆっくりと変化するので，(4.4.62) は次を意味する：
整数 m, $1 \leq m \leq n$ のうちで，

(4.4.63)
$$\nu(m) < \log\log m - g_m\sqrt{\log\log m},$$
または $\quad \nu(m) > \log\log m + g_m\sqrt{\log\log m}$

をみたすものの個数を l_n で表わすと，

(4.4.64)
$$\lim_{n\to\infty}\frac{l_n}{n} = 0$$

が成り立つ．この証明は読者に任せる (節末問題 1 参照)．(4.4.64) として述べた定理は，1917 年，ハーディとラマヌジャン (Ramanujan) により最初に得られた．これを，ほとんどすべての整数 m は約 $\log\log m$ 個の素因数を持つと"絵のように"述べたのは彼らである．ここで述べた証明は P. トゥラン (P.Turan) によるもので，ハーディ，ラマヌジャンの元の証明より，はるかに簡単である．このトゥランの証明は，第 2 章 2.1 節で与えた大数の弱法則の証明の直接の類比であることに，読者も気付かれたであろう．これもまた，ある分野から借用したアイデアが他分野に稔り豊かな応用をもたらした例である．

演習問題

1. (4.4.64) を証明せよ．
   (ヒント：$0 < \alpha < 1$ として，$n^\alpha \le m \le n$ をみたす整数 m のみを考える．このような m で
   $$|\nu(m) - \log\log m| > g_m\sqrt{\log\log m}$$
   をみたすものは，$h_n \to \infty$ を適切に選べば，
   $$|\nu(m) - \log\log n| > h_n\sqrt{\log\log n}$$
   もみたすことを示せ．)

2. $\omega(m)$ に対して，(4.4.62) を証明せよ．

4.5 数論における正規法則

m の相異なる素因数の個数 $\nu(m)$ が独立な関数 $\rho_p(m)$ の和

$$(4.5.65) \qquad \sum_p \rho_p(m)$$

であることは，なんらかの意味で，$\nu(m)$ の値分布が正規法則となる可能性を示唆している．事実そうであり，エルデシュとカッツは 1939 年に次の定理を証明した．

整数 m, $1 \leq m \leq n$ のうちで，

$$(4.5.66) \quad \log\log n + \omega_1 \sqrt{\log\log n} < \nu(m) < \log\log n + \omega_2 \sqrt{\log\log n}$$

をみたすものの個数を $K_n(\omega_1, \omega_2)$ で表わすと，

$$(4.5.67) \qquad \lim_{n\to\infty} \frac{K_n(\omega_1,\omega_2)}{n} = \frac{1}{\sqrt{2\pi}} \int_{\omega_1}^{\omega_2} e^{-y^2/2} dy$$

が成り立つ．

$\log\log n$ の変化の遅さ (4.4 節末の問題 1 参照) から，(4.5.67) は次の言明と同値である：

(4.5.68)

$$D\{\log\log n + \omega_1\sqrt{\log\log n} < \nu(n) < \log\log n + \omega_2\sqrt{\log\log n}\}$$
$$= \frac{1}{\sqrt{2\pi}} \int_{\omega_1}^{\omega_2} e^{-y^2/2} dy$$

いまでは，この結果の証明が幾種類かあるが (最良のものは，私見では，最近のレヌィとトゥランによるものである)，残念ながら，十分に短い，もしくは初等的で，ここで紹介できるものは 1 つもない．したがって，次のランダウの古典的な結果に基づいた発見的な考察で満足することにする：

$\pi_k(n)$ で，ちょうど k 個の素因数をもつ n 以下の自然数の個数を表わすと，

$$(4.5.69) \qquad \pi_k(n) \sim \frac{1}{(k-1)!} \cdot \frac{n}{\log n} (\log\log n)^{k-1}$$

が成り立つ．

$k=1$ の場合は，よく知られている素数定理であり，$k>1$ の場合，(4.5.69) は，素数定理から初等的な議論により導くことができる．

実際，

$$(4.5.70) \quad K_n(\omega_1,\omega_2) = \sum_{\log\log n+\omega_1\sqrt{\log\log n}<k<\log\log n+\omega_2\sqrt{\log\log n}} \pi_k(n)$$

より，

$$(4.5.71) \quad \frac{K_n(\omega_1,\omega_2)}{n} \sim \frac{1}{\log n} \sum_{\log\log n+\omega_1\sqrt{\log\log n}<k<\log\log n+\omega_2\sqrt{\log\log n}} \frac{(\log\log n)^{k-1}}{(k-1)!}$$

となることを期待してもよいであろう．第 3 章 3.3 節の演習問題 2 を思い出して，

$$(4.5.72) \quad x=\log\log n \quad \left(e^{-x}=\frac{1}{\log n}\right)$$

とおけば，

$$\frac{K_n(\omega_1,\omega_2)}{n} \sim \frac{1}{\sqrt{2\pi}} \int_{\omega_1}^{\omega_2} e^{-y^2/2}dy$$

すなわち，(4.5.67) が得られることになる．

残念ながら，上述の非常に魅力的な議論を厳密にするのは容易ではない．ランダウの定理 (4.5.69) では誤差の一様評価が必要となり，それは容易には得られないのである．一方，正確な漸近評価ではなく，ある種の評価だけで事足りたのであるが，第 4.4 節のハーディとラマヌジャンによる原証明も本質的には定理 (4.5.69) を基にしていたことは，興味深いことかもしれない．

第 3 章で展開した理論は，(4.5.67) の証明法を示唆している．$K_n(\omega)$ で，整数 $m, 1\leq m\leq n$ で，

$$\nu(m)<\log\log n+\omega\sqrt{\log\log n}$$

をみたすものの個数を表わし，

$$(4.5.73) \qquad \sigma_n(\omega) = \frac{K_n(\omega)}{n}$$

とおく．明らかに，$\sigma_n(\omega)$ は分布関数であり，

$$(4.5.74) \qquad \frac{1}{n\log\log n}\sum_{m=1}^{n}(\nu(m)-\log\log n)^2 = \int_{-\infty}^{\infty}\omega^2 d\sigma_n(\omega)$$

となる．精密な評価

$$(4.5.75) \qquad \sum_{p\leq n}\frac{1}{p} = \log\log n + C + \varepsilon_n, \quad \varepsilon_n \to 0$$

を使えば，4.4 節の議論は，

$$(4.5.76) \qquad \lim_{n\to\infty}\int_{-\infty}^{\infty}\omega^2 d\sigma_n(\omega) = 1 = \frac{1}{\sqrt{2\pi}}\int_{-\infty}^{\infty} y^2 e^{-y^2/2} dy$$

を与える．したがって，

$$\lim_{n\to\infty}\frac{1}{n\sqrt{\log\log n}}\sum_{m=1}^{n}(\nu(m)-\log\log n) = 0$$

が得られ (ほとんど自明！),

$$(4.5.77) \qquad \lim_{n\to\infty}\int_{-\infty}^{\infty}\omega d\sigma_n(\omega) = 0 = \frac{1}{\sqrt{2\pi}}\int_{-\infty}^{\infty} y e^{-y^2/2} dy$$

が成り立つ．もし，すべての整数 $k > 2$ に対して

$$(4.5.78) \qquad \lim_{n\to\infty}\int_{-\infty}^{\infty}\omega^k d\sigma_n(\omega) = \frac{1}{\sqrt{2\pi}}\int_{-\infty}^{\infty} y^k e^{-y^2/2} dy$$

が証明できたとすれば，すべての実数 ξ に対して，

$$\lim_{n\to\infty}\int_{-\infty}^{\infty} e^{i\xi\omega} d\sigma_n(\omega) = e^{-\xi^2/2}$$

となり，したがって，

(4.5.79) $$\lim_{n\to\infty} \sigma_n(\omega) = \frac{1}{\sqrt{2\pi}} \int_{-\infty}^{\omega} e^{-y^2/2} dy$$

が得られることになる．これは，(4.5.73) を思い出せば，定理 (4.5.67) に他ならない．(4.5.78) を示すことは，もちろん，

(4.5.80) $$\lim_{n\to\infty} \frac{1}{n(\log\log n)^{k/2}} \sum_{m=1}^{n} (\nu(m) - \log\log n)^k$$
$$= \frac{1}{\sqrt{2\pi}} \int_{-\infty}^{\infty} y^k e^{-y^2/2} dy$$

を証明することと同値であり，したがって，

$$\sum_{p_{l_1}\cdots p_{l_k} < n} \frac{1}{p_{l_1} p_{l_2} \cdots p_{l_k}}$$

の漸近評価によることになる (4.4 節でのトゥランの証明は，$\sum_{pq\leq n} \frac{1}{pq}$ の評価によっていた)．この評価は，やさしいなどとは言い難いのであるが，ハルバースタム (Halberstam) がこの線に沿っての証明に最近成功したことには，注目すべきである．

この方法は，疑いもなく，もっとも直接的で，確率論の伝統的精神にもっとも近い．数論における確率論的方法の最終的勝利は，レヌィとトゥランの証明によりもたらされた．誤差項

$$\frac{K_n(\omega)}{n} - \frac{1}{\sqrt{2\pi}} \int_{-\infty}^{\omega} e^{-y^2/2} dy$$

が，$\frac{1}{\sqrt{\log\log n}}$ のオーダーであることが示されたのである．この誤差のオーダー $(\log\log n)^{-1/2}$ は，確率論での同様な誤差評価との類比から，ル・ヴェーク (LeVeque) が予想していたものである．まさに，素数は賭けを楽しんでいるのである！

演習問題

1. $\nu(n)$ を $\omega(n)$ としても，(4.5.68) が成り立つことを示せ．

(ヒント：$M|\omega(n) - \nu(n)| < \infty$ となることから，まず，$g_n \to \infty$ のとき，$\omega(n) - \nu(n) > g_n$ をみたす整数の集合は密度零となることを導け．)

2. $d(n)$ で，n の約数の個数を表わすことにする．

   (a) $d(n) = \prod_p (\alpha_p(n) + 1)$ を示せ．

   (b) $M\left\{\dfrac{d(n)}{2^{\nu(n)}}\right\} = \prod_p \left(1 + \dfrac{1}{2p(p-1)}\right) < \infty$ を示せ．

   (c) (4.5.68) と，問題 1 のヒントを使って，
   $$D\{2^{\log\log n + \omega_1 \sqrt{\log\log n}} < d(n) < 2^{\log\log n + \omega_2 \sqrt{\log\log n}}\}$$
   $$= \dfrac{1}{\sqrt{2\pi}} \int_{\omega_1}^{\omega_2} e^{-y^2/2} dy$$
   を示せ．

参考文献

ダヴェンポート，エルデシュ，エルデシュとカッツ，ハルバースタム，シェーンベルグ–トゥランの仕事に関する文献については，以下の解説を見よ．

(1) M.Kac, "Probability methods in some problems of analysis and number theory," *Bull. Amer. Math. Soc.*, **55** (1949), 641–665

(2) I.P.Kubilus, "Probability methods in number theory" (in Russian), *Usp. Mat. Nauk*, **68** (1956), 31–66. 英訳：Translations of Mathematical Monographs, ad. 11. American Math. Soc., 1964.

(3) A.Rényi, "On the density of certain sequences of integers", *Publ. Inst. Math. Belgrade*, **8** (1955), 157–162.

(4) A.Rényi and P.Turán, "On a theorem of Erdös-Kac", *Acta Arith.*, **4** (1958), 71–84.

第 5 章
気体分子運動論から連分数へ

5.1 気体分子運動論のパラドックス

19 世紀の中頃,力学と熱力学を原理的に統一しようとする試みが始まった.

その主たる問題は,熱力学の第 2 法則を力と力学法則に従う粒子 (原子や分子) からなるという物質像より導出することであった.

マクスウェル (Maxwell) とボルツマン (Boltzmann)(遅れて,J.W. ギブス (J.W.Gibbs)) の手により,分子運動論的なアプローチは開花し,科学の到達点のうちで,もっとも美しく,遠大な広がりをもつものの 1 つとなった.

しかし,その始まりにおいて,このアプローチは 2 つのパラドックスにより手痛い傷を負うことになった.1 つ目は,1876 年にロシュミット (Loschmidt) が声を上げたもので,力学の法則は可逆 (すなわち,時間反転 $t \mapsto -t$ で不変) なことであった.

他方,熱力学の第 2 法則は一般に,非可逆的な振る舞いを想定している.

それゆえ,純粋に力学的な考察から第 2 法則を導出することはまったく不可能に思える.

第 2 のパラドックスはツェルメロ (Zelmero) によるもので,より深刻であった.

ツェルメロは,簡単で基本的なポアンカレの定理を引き合いに出した.「保存力学系では,緩い条件のもとで,"ほとんどすべて"(以下で説明する専門的

な意味で) の系の初期状態近くにいくらでも精度よく必ず戻ってくる.」

これもまた，非可逆性に反する．

これらのパラドックスの意味を正しく理解するために，一方は気体でみたされ，他方は真空にした2つの容器を考えよう．

ある時刻にこれらの容器をつなぐ．第2法則は，そのとき気体は第一の容器から第2のものに流れ出し，第一の容器内の気体は**時間とともに単調に減少**することを予言する．この気体の振る舞いは，はっきりした**時間の向き**の存在を示している．

分子運動的 (力学的) な観点においては，われわれの扱う力学系が時間の向きをもつことはあり得ず，さらに，ポアンカレの定理の示すように，準周期的な振る舞いをするのである．

5.2 準備

ボルツマンによる反論を理解するために，古典力学を少し復習しておこう．

自由度 n の系は，一般化座標 $q_1, q_2, \cdots, q_n$ と一般化運動量 $p_1, p_2, \cdots, p_n$ を用いて記述される．保存力学系においてはハミルトン関数とよばれる関数

$$H(q_1, \cdots, q_n; p_1, \cdots, p_n)$$

があり，これは系の全エネルギーを表わしている．

運動方程式は，

(5.2.1) $$\frac{dq_i}{dt} = \frac{\partial H}{\partial p_i}, \quad i = 1, 2, \cdots, n$$

(5.2.2) $$\frac{dp_i}{dt} = -\frac{\partial H}{\partial q_i}, \quad i = 1, 2, \cdots, n$$

の形であり，初期の位置 $q_i(0)$ と運動量 $p_i(0)$ が分かれば，系の運動 (すなわち，関数 $q_i(t), p_i(t)$) は一意的に定まる．

慣習的に，系は $2n$ 次元ユークリッド空間 (相空間，G 空間ともよばれる)

内の座標 $q_1,\cdots,q_n,p_1,\cdots,p_n$ をもつ点で表示される．

よって，時刻 t における力学系の状態は，点
$$P_t = (q_1(t),\cdots,q_n(t),p_1(t),\cdots,p_n(t))$$
で表示される．

この系の運動から，関係式

(5.2.3) $\qquad\qquad\qquad T_t(P_0) = P_t$

により，1 径数の変換族 T_t が定義される．

点 P_0 の集合 A が与えられたとき，対応する点 P_t の集合を $T_t(A)$ で表わす．

リウヴィル (Liouville) が示したように，ハミルトンの運動方程式 (5.2.1), (5.2.2) は，A と $T_t(A)$ の $2n$ 次元ルベーグ測度が等しいという著しい特性をもつ．(証明は極めて簡単で，周知の発散定理の $2n$ 次元空間への拡張版を用いればよい．)

言い換えれば，変換 T_t は，通常のルベーグ測度に関して保測変換である．

ハミルトンの方程式 (5.2.1), (5.2.2) から，もうひとつ重要な結果 (エネルギーの保存) が導かれる:
$$H(q_1(t),\cdots,q_n(t),p_1(t),\cdots,p_n(t))$$
$$= H(q_1(0),\cdots,q_n(0),p_1(0),\cdots,p_n(0))$$
したがって，力学系を表わす点 $(q_1(t),\cdots,q_n(t),p_1(t),\cdots,p_n(t))$ は，"等エネルギー面" Ω:

(5.2.4) $\qquad H(q_1,\cdots,q_n,p_1,\cdots,p_n) = \mathrm{const.}$ （定数）

の上に束縛されていることが分かる．

等エネルギー面 Ω はコンパクトであり，かつ，初等的な面積分論が適用できるに足るだけの "正則性" をもつと仮定する．さらに，Ω 上では，正の定数 c に対して，

$$(5.2.5) \qquad ||\nabla H||^2 = \sum_{i=1}^{n}\left\{\left(\frac{\partial H}{\partial p_i}\right)^2 + \left(\frac{\partial H}{\partial q_i}\right)^2\right\} > c > 0$$

が成り立つと仮定する．

等エネルギー面 Ω の上の面要素を $d\sigma$ として，その部分集合 B に対して積分

$$\int_B \frac{d\sigma}{||\nabla H||},$$

が定義されているとき，B の測度 $\mu\{B\}$ を

$$(5.2.6) \qquad \mu\{B\} = \frac{\int_B \frac{d\sigma}{||\nabla H||}}{\int_\Omega \frac{d\sigma}{||\nabla H||}}$$

で定める．このとき，

$$(5.2.7) \qquad \mu\{\Omega\} = 1$$

である．

上述のリウヴィルの定理より，簡単な幾何学的考察をすれば，

$$(5.2.8) \qquad \mu\{T_t(B)\} = \mu\{B\}$$

が従う．

言い換えれば，T_t は，Ω 上の測度 μ を保存する．

公式 (5.2.6) によって測度が定まるは，ある基本集合 (初等的な面積分の理論が適用可能な集合) のみである．しかし，測度がより広いクラスの集合に拡張できることは，線分の測度を長さとして与えて可算加法性をもつルベーグ測度を構成したのと同様である．

とくに，集合 C が測度零であるとは，任意の $\varepsilon > 0$ に対して，有限または，可算個の集合 B_i の族が存在して，

$$C \subset \bigcup_i B_i, \quad \sum_i \mu\{B_i\} < \varepsilon$$

となることである．

これで，ツェルメロが引合いに出したポアンカレの定理を正確に述べることができる．

B が μ 可測のとき，ほとんどすべての $P_0 \in B$ (つまり，μ 測度零の集合を除いて) は，ある $t > 0$ (P_0 に依存してよい) に対して $T_t(P_0) \in B$ が成り立つという性質をみたす．

5.3　ボルツマンの回答

ボルツマンの回答を理解するために，2 つの容器の例に戻ろう．ハミルトン関数

$$(5.3.9) \qquad H(q_1,\cdots,q_n,p_1,\cdots,p_n)$$

は具体的な関数形が分かっていて，$t=0$ における値が C であると仮定しよう．

$t=0$ で 2 つの容器のうちの一方にすべての粒子があるという条件に対応する点の集合 B は確かにあり，系はこの集合 B から出発することになる．

ボルツマンの第一の主張は，系が極めて異常もしくは稀な状態から出発しているという直観に対応して，B の測度 $\mu\{B\}$ は "極端に" 小さく，他方，2 つの容器の中にある粒子数が容器の体積と "ほぼ完全に" 比例している状態に対応する点の集合 R については，$\mu\{R\}$ は "極端に" 1 に近いというものであった．

もちろん，これらの言明は "極端に" や "ほぼ完全に" の意味に大きく依存しているが，1cm^3 当たりの原子の数の巨大さ (10^{20} のオーダー) ゆえに，"極端に" が 10^{-10} 未満であり，"ほぼ完全に" が比の値から 10^{-10} 以内にあると安心して解釈できると言えば十分であろう．

第二の主張はより説得力がある．ボルツマンは，第一の主張は，実際の系の運動を記述する曲線が B と R に滞在する時間はそれぞれ "極端に" 小さく，または "極端に" 大きいことを意味すると論じている．

言い換えれば，系は稀な状態からはすぐに立ち去り (ポアンカレの定理により，ほとんど確実にいつかは戻ってくるが)，ひとたび "ほぼ正常な" 状態に対応する集合に入ると，そこに "実質的に" 留まり続けるのである．

ボルツマンは，第1の主張をもっともらしいが，真に厳密とは言い難い評価によって論じた．第2の主張を正当化するために，彼は，系の運動を表わす曲線は等エネルギー面のすべての点を通るという**仮説**を立てた．

ボルツマンが**エルゴード仮説** (Ergodenhypothese) とよんだこの仮説は，偽である (成り立つことが自明な $n=1$ の場合は除く)．

ボルツマンは，自身の弁明を救おうと，誤ったエルゴード仮説を，"準エルゴード仮説" とよんだものに置き換えた．この新たな仮説は，系の運動を表わす曲線は等エネルギー面のすべての点の任意に近くを通ると仮定するものであった．これは，はるかにもっともらしいが，集合 $A \subset \Omega$ に滞在する相対時間と μ 測度 $\mu\{A\}$ の関係を確立するには不十分であった．

明らかに，A に滞在する相対時間と測度 $\mu\{A\}$ との関係こそが，事の核心なのである．

しかし，A に滞在する相対時間とは何であろうか？ その定義はほとんどそのことば通りである．点 P_0 から出発した運動曲線が時刻 τ までに A に滞在する時間を $t(\tau, P_0, A)$ で表わすと，相対時間とは，もちろん極限が存在するとして，

$$(5.3.10) \qquad \lim_{\tau \to \infty} \frac{t(\tau, P_0, A)}{\tau}$$

である．

この極限の存在証明は真の困難を伴うものであることが判明する．しかし，一度証明されてしまえば，この極限が $\mu\{A\}$ に等しいと結論するためには，T_t に付加すべき仮定が必要となるだけである．

5.4 抽象的な定式化

統計力学的な背景にかなり長逗留をしてきたが，これからは，その大部分を捨てて，純粋に数学的な内容を抽出することにしよう．

まず，等エネルギー面の代わりに，その上に (全測度が 1 で) 可算加法的な測度 μ が定義された集合 Ω をとる．

次に，μ 測度を保つ Ω 上の 1 径数変換族 T_t が与えられているものとする．ここで一言注意がいる．力学において変換 T_t は 1 対 1 (これは，ハミルトンの運動方程式の解の一意性からの直接の帰結) であった．しかし，保測をその語義通りに定義すれば，1 対 1 と仮定する必要はない．

正確な定義は以下の通りである．集合 A の逆像を $T_t^{-1}A$ とする．したがって，

(5.4.11) $$T_t(T_t^{-1}(A)) = A.$$

である．変換 T_t は，

(5.4.12) $$\mu\{T_t^{-1}(A)\} = \mu\{A\}$$

が成り立つとき，μ 保測であるという．1 対 1 の変換に対しては，(5.4.12) はふつうの定義，すなわち，

(5.4.13) $$\mu\{T_t(A)\} = \mu\{A\}$$

と同値である．

以下，可測集合 A の定義関数を $g(P)$ で表わす：

(5.4.14) $$g(P) = \begin{cases} 1 & P \in A \\ 0 & P \notin A \end{cases}$$

明らかに，点 $P_0 \in \Omega$ に対して，$t(\tau, P_0, A)$ は公式

(5.4.15) $$t(\tau, P_0, A) = \int_0^\tau g(T_t(P_0))dt$$

で与えられるから，問題は，次の極限の存在となる．

(5.4.16) $$\lim_{\tau \to \infty} \frac{1}{\tau} \int_0^\tau g(T_t(P_0))dt$$

このように時間が連続に動く連続版とともに，離散版を考えると便利であ

る．変換 T が保測，すなわち，

(5.4.17) $$\mu\{T^{-1}(A)\} = \mu\{A\}$$

をみたすとして，そのべき乗 (くり返し) $T^2, T^3, \cdots$ を考える．

極限 (5.4.16) の類比は，

(5.4.18) $$\lim_{n\to\infty} \frac{1}{n} \sum_{k=1}^{n} g(T^k(P_0))$$

である．

1931 年，G.D. バーコフ (Birkhoff) は，μ 測度零の集合を除いて，すなわち，ほとんどすべての $P_0 \in \Omega$ に対して，極限 (5.4.16), (5.4.18) が存在することを示した．その少し前に J. フォン・ノイマン (von Neumann) は，2 乗平均の意味で極限 (5.4.16), (5.4.18) が存在することを示していた．

現在ではさまざまな証明があり，中でも F. リースによるものが一番短い[1]．証明は割愛するが，それを知りたい読者は，P.R.Halmos, *Lectures on Ergodic theory, Mathematical Society of Japan* (日本数学会発行) を参照されたい．

この極限 (5.4.18)(または (5.4.16)) に対して，何がいえるだろうか?

この極限を $h(P_0)$ で表わすと，ただちに，$h(P_0)$ は μ 可測で，有界 ($0 \le h(P_0) \le 1$) であり，ほとんどすべての P_0 に対して，

(5.4.19) $$h(T(P_0)) = h(P_0)$$

が成り立つことが分かる．

さて，H_α を

$$h(P_0) < \alpha$$

をみたす点 P_0 の集合として，$Q \in T^{-1}(H_\alpha)$ とする．このとき，$T(Q) \in H_\alpha$ となるから

---

[1] 補遺参照．

$$h(T(Q)) < \alpha \ .$$

である.ほとんどすべての Q に対して,$h(T(Q)) = h(Q)$ であったから,μ 測度零の集合を除いて,$h(Q) < \alpha$ が成り立つ.ゆえに,任意の α に対して,μ 測度零の集合を除いて

$$T^{-1}(H_\alpha) = H_\alpha$$

となる (ここでの例外集合は,もちろん α に依存してよい).

言いかえれば,集合 H_α は (測度零の集合を除いて) 不変集合である.

一般に,変換 T は,不変集合の測度が 0 か 1 のどちらかとなるとき,"計量推移的" であるという.

われわれの変換 T が計量推移的であると仮定すると,すべての H_α の測度は 0 か 1 となり,したがって,$h(P_0)$ はほとんどいたる所定数となる.

この定数の値は,

$$\lim_{n\to\infty} \frac{1}{n} \sum_{k=1}^{n} g(T^k(P_0)) = h(P_0) \quad \text{(a.e.)}$$

から (有界収束定理により),

(5.4.20) $$\lim_{n\to\infty} \frac{1}{n} \sum_{k=1}^{n} \int_\Omega g(T^k(P_0)) d\mu = \int_\Omega h(P_0) d\mu$$

が従うことに気付けば,ただちに決めることができる.実際,

$$\int_\Omega g(T^k(P_0)) d\mu = \int_\Omega g(P_0) d\mu = \mu\{A\}$$

となる (これは T が保測なことからすぐに分かる) から,

$$\int_\Omega h(P_0) d\mu = \mu\{A\}$$

である.

したがって,問題の定数は $\mu\{A\}$ に等しい.

以上をまとめると,次のことが言える.T が計量推移的ならば,ほとんど

すべての P_0 に対して,

$$(5.4.21) \qquad \lim_{n\to\infty} \frac{1}{n} \sum_{k=1}^{n} g(T^k(P_0)) = \mu\{A\}$$

が成り立つ.

これは, 容易に, 次のように一般化される.

$f(P_0)$ が μ 可積分関数, すなわち,

$$\int_\Omega |f(P_0)| d\mu < \infty$$

であり, T が計量推移的であれば, ほとんどすべての P_0 に対して,

$$(5.4.22) \qquad \lim_{n\to\infty} \frac{1}{n} \sum_{k=1}^{n} f(T^k(P_0)) = \int_\Omega f(P_0) d\mu .$$

読者は (5.4.22) より, ボルツマンの見解は正しかったことが完全に立証されたと思われるかもしれない. しかし残念ながら, 力学系に現れる T_t はたいへん複雑で, 非常に簡単な幾つかの例を除いて, T_t が計量推移的であるか否かは分かっていない[2]. しかしながら, それは, エルゴード定理 (5.4.22) の美しさと重要性を何ら損うものではない.

5.5 エルゴード定理と連分数

実数 x を, $0 < x \leq 1$ として, 連分数に展開しよう.

$$(5.5.23) \qquad x = \cfrac{1}{a_1 + \cfrac{1}{a_2 + \cfrac{1}{a_3 + \ddots}}} .$$

ここで, $a_1, a_2, \cdots$ は正の整数である. これらを式で表わすのは簡単である.

実際, 実数 y の整数部分を $[y]$ で表わすと,

---

[2] 補遺参照.

$$a_1 = a_1(x) = \left[\frac{1}{x}\right], \quad a_2 = a_2(x) = \left[\frac{1}{\frac{1}{x} - \left[\frac{1}{x}\right]}\right], \cdots$$

となる.

$a_n, a_2, \cdots$ の公式は，次々と複雑になって行くが，ちょっと閃けば，次のような記述方法とよく馴染むことが分かる.

(5.5.24) $$T(x) = \frac{1}{x} - \left[\frac{1}{x}\right]$$

とすれば,

(5.5.25) $$a_2(x) = a_1(T(x)),$$

(5.5.26) $$a_3(x) = a_2(T(x)) = a_1(T^2(x)),$$

等々.

すると，(5.5.24) で定義された変換 $T(x)$ のくり返しを考えているのであるから，エルゴード定理の適用可能性が明らかになる.

このとき，空間 Ω は何だろうか？ もちろん，$(0,1)$ である.

不変測度は何であろうか？ これに答えるのはもっとむずかしいが，本質的には既にガウス (Gauss) が答えを見つけていた.

次のように考える．関数 $\rho(x), 0 < x \leq 1$ で，条件

(5.5.27) $\quad$ (a) $\rho(x) \geq 0$, $\quad$ (b) $\int_0^1 \rho(x)dx = 1$

をみたすものを考えて，測度 $\mu\{A\}$ を

(5.5.28) $$\mu\{A\} = \int_A \rho(x)dx$$

で定める.

区間 $(\alpha, \beta), 0 < \alpha < \beta < 1$ をとり，変換 $T(x)$ による逆像を考えると，

であるから,

$$(5.5.29) \quad T^{-1}(\alpha,\beta) = \bigcup_{k=1}^{\infty} \left(\frac{1}{k+\beta}, \frac{1}{k+\alpha} \right)$$

であるから,

$$(5.5.30) \quad \mu\{T^{-1}(\alpha,\beta)\} = \sum_{k=1}^{\infty} \int_{1/(k+\beta)}^{1/(k+\alpha)} \rho(x)dx$$

となる.

μ が保測的であるためには, 任意の α,β ($\alpha<\beta$) に対して,

$$(5.5.31) \quad \int_{\alpha}^{\beta} \rho(x)dx = \sum_{k=1}^{\infty} \int_{1/(k+\beta)}^{1/(k+\alpha)} \rho(x)dx \; .$$

が成り立たなければならない. (5.5.31) から, $\rho(x)$ を見出す系統的な方法は知られていない[3]が,

$$(5.5.32) \quad \rho(x) = \frac{1}{\log 2} \cdot \frac{1}{1+x}$$

が (5.5.27) をみたす解であることは容易に確かめられる.

これで, $T(x)$ が計量推移的であることを除けば, すべて完了であり, それはまったく自明である[4].

$f(x)$ が μ 可積分, すなわち,

$$(5.5.33) \quad \frac{1}{\log 2} \int_0^1 |f(x)| \frac{dx}{1+x} < \infty$$

ならば, (5.4.22) より, ほとんどすべての x に対して

$$(5.5.34) \quad \lim_{n\to\infty} \frac{1}{n} \sum_{k=0}^{n} f(T^k(x)) = \frac{1}{\log 2} \int_0^1 f(x) \frac{dx}{1+x}$$

が成り立つ. (μ 測度零の集合は, ルベーグ測度零の集合と一致することに注意せよ.)

---

[3] 補遺参照.

[4] 最後のページの脚注参照.

とくに，$f(x)$ として

(5.5.35)
$$f(x) = \log a_1(x)$$

(5.5.34) をとれば，より，ほとんどすべての x に対して

(5.5.36)
$$\lim_{n \to \infty} (a_1 a_2 \cdots a_n)^{1/n} = C$$

が得られる．ここで，

(5.5.37)
$$\begin{aligned} C &= \exp\left(\frac{1}{\log 2} \int_0^1 \log a_1(x) \frac{dx}{1+x}\right) \\ &= \exp\left(\frac{1}{\log 2} \sum_{k=1}^\infty \log k \log \frac{(k+1)^2}{k(k+2)}\right). \end{aligned}$$

である．

この驚くべき定理は，1935 年に (別の方法で) ヒンチンにより初めて証明された．上の証明は C. リル=ナルヂェフスキ (C.Ryll-Nardzewski) による．

私はこの章の最初の 3 節で読者を煩わせずに書くことも容易にできた．力学や運動論への言及を避けて，第 4 章の抽象的な定式化から話を始めれば済むことであった．

しかし，もしそうしていたならば，この話の中でもっとも刺激的であり，私がもっとも教育的であると思っている部分を抑圧せざるを得なかっただろう．ボルツマンたちの思い抱いた運動論から連分数に至るまでの道筋は，数学が孤立した存在ではなく，その力と美しさのかなりの部分を他の学問に負っているというしばしば忘れられがちな事実を思い出させてくれるすばらしい例である．

演習問題

1. $B \subset \Omega$ は μ 可測で，$\mu\{B\} \neq 0$ とする．T が保測的 (必ずしも計量推移的である必要はない) ならば，ほとんどすべての $P_0 \in B$ に対して，$T^n(P_0) \in B$ となる整数 $n \geq 1$ が存在することを証明せよ．(これは，ポアンカレの定理の離散版である．証明には，$P_0 \in C$ のとき

$T^n(P_0) \notin B(n=1,2,\cdots)$ となる集合 $C \subset B$ を考え，C が μ 可測であり，$C, T^{-1}(C), T^{-2}(C), \cdots$ は互いに共通部分を持たないことを示せ．）

2. $P_0 \in B$ に対して，$T^n(P_0) \in B$ となる最初の正の整数 n を $n(P_0)$ と書く．T が (T の保測性に加えて) 計量推移的ならば，

$$\int_B n(P_0) d\mu = 1$$

が成り立つことを示せ．

3. $0 < x \leq 1$ の連分数展開を

$$x = \cfrac{1}{a_1 + \cfrac{1}{a_2 + \cfrac{1}{a_3 + \ddots}}}$$

として，$a_1(x) = k$ (すなわち，$1/(k+1) < x \leq 1/k$) となる x 全体を B とする．$x \in B$ に対して $a_n(x) = k, n > 1$ を満たす最小の整数 n を $n(x,k)$ とすると，

$$\frac{1}{\log 2} \int_{1/(k+1)}^{1/k} (n(x,k) - 1) \frac{dx}{1+x} = 1$$

が成り立つことを示せ．

4. $T(x) = 2x - [2x], 0 \leq x \leq 1$ とする．エルゴード定理を応用して，第 2 章のボレルの定理を導け．

参考文献

- C.Ryll-Nardzewski, On the ergodic theorems II, *Studia Math.* **12** (1951), 74–79.[5]

---

[5] ここで私は，説明しようのない楽観主義の噴出に流されてしまっていた．直感的に明らかな事実でも，悲しいかな，証明はそうではない．5.2 節で証明し，この章の最後に引用したリル=ナルヂェフスキの論文では，証明が第 2 節で与えられている．それは K. クノップ (K.Knopp) によるものである．

著者紹介

 著者マーク・カッツは，確率論，数論，統計物理学を中心に輝かしい業績を挙げた数学者・数理物理学者であり，新たな問題を発見して解決することに情熱を注いだ人であった．カッツの名前を冠した定理や公式は数多いが，中でもとくに広く知られているのは，ファインマン–カッツの公式であろう．他方，余り知られていないが，微分積分学でよく知られた定理「等式 $f(x+y) = f(x) + f(y)$ をみたす連続関数 $f(x)$ は $f(x) = cx (c$ は定数$)$ に限る」は，$f(x)$ が可測関数の場合でも成り立つことを示したのもカッツである (1936).

 同時に，カッツは，問題の本質を見抜いて理解した事柄を人々に伝える能力に関しても類い稀な才能を発揮して，聴衆を魅了し，鼓舞するすばらしい講演や著作でも知られる．本書はその代表作の 1 つである．より専門的になるが，アメリカ数学協会が卓越した解説論文に授与する Chauvenet 賞に輝いた 1947 年，1966 年の 2 つの論文[1] も一読に値する論文である．とくに，1966 年の論文「太鼓の形を聴けるか」は，太鼓の固有振動数を知ってその幾何学的形状がわかるかという問題提起であり，数学者ならば誰しもが耳にしたことがあるものである．

 カッツは 1914 年 8 月 3 日，ロシア帝国 (内のポーランド地域) のクジェミェニェツ (Krzemieniec)(現在のウクライナ共和国クレメンツ Kremenc) のユダヤ人家庭に生まれたポーランド人である．父親は哲学 (ライプツィヒ大学)，史学・言語学 (モスクワ大学) の学位をもつ人であった．第 1 次世界大

---

[1] Random walk and the theory of Brownian motion, American Mathematical Monthly **54** (1947), 369-391.
Can one hear the shape of a drum, American Mathematical Monthly **73** (1966), 1-23.

戦のため 1915 年から東部に疎開していた間は，狭いアパートで私塾を開いており，5 歳の頃，その父の教える初等幾何に興味を覚えたのが，数学との最初の出遭いであったとカッツは語っている．しかし，掛け算の九九はなかなか覚えられなかったらしい．

1918 年ワイマール体制のもとで，約 150 年間に亘ってオーストリア，ドイツ，ロシアに三分割されていたポーランドは独立し，1921 年に一家はポーランドに戻る．カッツは，ロシア白軍将校のフランス人未亡人から 3 年間フランス語を学び，父親からはヘブライ語の手ほどきを受け，小学校に入って初めてポーランド語を学んだという．

「ポーランド語は，実は私にとって 4 番目の言語であった．私は，地域の人たちと同じく，最初はロシア語で話していた.」

1925 年 11 歳のとき，クジェミェニェツ・リセに入学．ラテン語，ギリシャ語，数学，物理学，化学を学ぶ．数学と物理学に興味をもつ．母親は工学部進学を望んだが，大学では数学を専攻することになる．

「1930 年の夏，私は 3 次方程式の解法の問題にのめり込んだ．もちろん，1545 年にカルダーノの与えた答えは知っていたが，それでは満足できなかった．その導出ができそうだと言ったとき，父親はご褒美に 5 ズロティあげようと約束してくれた．その夏は毎日，時には夜も，紙を数式で埋めて過ごした．その後もこれほど勉強したことはなかった．ある朝，カルダーノの公式に到達した．父親は一言も言わずにお金をくれ，その秋，数学の教師は原稿を 'Mlady Matematyk'(「若い数学者たち」) に投稿した．… 工学に進まざるを得ないと聞いていたギムナジウムの校長ルジェツキ先生は，『いや，君は数学に進むべきだ．君には才能がある』と言った.」

カッツは，ルヴウ大学[2]に入学，H. シュタインハウス (Hugo Steinhaus 1887-1972) に学び，その数学への嗜好を受け継ぐ．1937 年博士号を取得した．

「1933 年か 1934 年に，マルコフの『確率論』に出遭った．この本 (ロシア語原著の 1912 年独訳版) からは，フォロウしきれなかったが，多大の影響

---

[2] 補遺参照．

を受けた．モーメント問題の技法は … 相対的に容易だった．しかし，この練り上げられた魅惑的な理論が適用可能と思われる "確率量" $X_1, X_2, \cdots$ が何物であるかわからなかった．

マルコフに苦悶していたとき，予期せぬ形で運命が介入してきた．シュタインハウスが私に独立な関数の研究を提案したのだった．(中略)

独立性の探求は私の初期の研究の中心であった．その探求結果は…，より一般向けにはカーラス叢書の単行本にまとめた．」(『自叙伝的ノート』)

博士号取得以前から国外脱出を望み，雑誌 'Nature' でただ 1 つ応募可能な職を見つけて，英語を一言も話せないのに，英国 Imperial College に応募したが，採用されなかった．当時は，ドイツからの大量の難民が英米への脱出を望んでいた時代であり，たいへん厳しい状況にあったが，まだそれを認識していなかった．

博士号取得後，シュタインハウスの尽力により，米国 John Hopkins 大学のポスドク奨学金に応募するが不首尾．翌年採用されたが，第 1 回目の応募の失敗は「たいへん幸運なこと」であったとカッツは語っている．復路の切符も買って 1938 年に渡米した後に，戦争が始まった．[3] もし前年であったならば，強制的に帰国させられていたところであった．

「小さなことが人生を変えること，命を救うことさえあるものだ．」

(『インタビュー』でもそれ以上のことは語られていないが，今回，本書執筆の頃までにカッツが培った数学技法の玉手箱のような講義録 "Probability and Related Topics in Physical Sciences", Lectures in Applied Mathematics Vol.1, Interscience Publishers, London, New York, 1957 を改めて手にしてみて，その献辞には「我が両親と兄弟，罪なき戦争の犠牲者に捧ぐ」と記されていたことに気付いた．)

1939 年にコーネル大学に職を得て，22 年間イサカに居住する．渡米後まもなくからハンガリー出身の数学者 P. エルデシュ (Paul Erdös 1913-1996) との共同研究を展開するなど，充実した研究生活を送る．その一端は本書に

---

[3] 蛇足であろうが，年表から拾うと，1938 年 9 月ミュンヘン会談，1939 年 9 月 1 日ナチスのポーランド侵攻，同 3 日英仏が対独宣戦布告，同 16 日ソ連もポーランド侵攻．

も述べられている通りである．この頃から，G.E. ウーレンベック (George Eugene Uhlenbeck 1900-1988) のセミナーにも顔を出し始め，統計物理への関心も深めていったという．ファインマンの博士論文 (1941)，つまり，ファインマン積分による量子化の話も直接聞いて，$\sqrt{-1}$ を -1 に置きかえて確率解析としても非自明な内容であることに気付き，ファインマン–カッツの公式を発見したと言われている．

「妻も子供たちもイサカ人であった.」

1961 年，ニューヨーク市のロックフェラー大学に移り，ウーレンベックおよびその周辺の人々との統計物理学に関する共同研究が本格化する．ボルツマン方程式の研究もこの時期である．

1981 年,「後半生を太陽に恵まれ，氷の少ない土地で過ごそう」と，南カリフォルニア大学に移る．1984 年 10 月 6 日に他界．その翌年 8 月からミネアポリス大学 IMA (数学と応用研究所) の年間テーマは確率解析であり，その最初の研究会で，伊藤清 (1915-2008)，J.L.Doob (1910-2004) などとともに予定されていた招待講演はキャンセルされることになった．

参考文献

明示していない引用は，次の [2] からの引用である．

[1] 『自叙伝的ノート』 Autobiographical Note, "Mark Kac: Probabiliy, Number Theory, and Statistical Physics, Selected Papers", edited by L.Blawski and M.D.Donsker, pp.ix-xxiii, MIT Presss, 1979

[2] 『インタビュー』Reflections of the Polish masters: An Interview with Stan Ulam and Mark Kac, by Mitchell Feigenbaum, Los Alamos Science No.6/Fall 1982, pp.54-65 (http://la-science.lanl.gov/)

[2'] An Interview with Stan Ulam and Mark Kac, by Mitchell Feigenbaum, Jounal of Statistical Physics, **39** (1985), 455-476

珠玉の1冊

髙橋陽一郎

●意味を問い続けて ……

　確率とは何であろうか？　偶然性はどこに由来するのか？

　このような問いかけは長い間，哲学論争の主題の1つであった．古典確率論の誕生から約3世紀を経た1930年代以後，確率は公理論的に与えられたものとして，その因って来たる所を問うことは敬して遠ざけ，ひたすら数学としての展開に没頭することになる．独立性も，

$$P(A \cap B) = P(A)P(B)$$

という乗法性をその定義とする．実際，このパラダイムは大成功を収め，20世紀確率論は現代数学の一分野として確立し，進展を続ける．たとえば，当時は大蔵省銀行局を経て内閣統計局に職を得て確率論の研究を始めたばかりの伊藤清先生も，A.N.Kolmogorov の『確率論の基礎概念』(1933) を読んで初めて確率論が数学たり得ることを確信でき，1942年の確率微分方程式の創始に至ったことを『選集』の序文で述懐されている．

　しかしながら，20世紀後半に入ってからも，独立性とは何か，ランダムネスとは何物かを問い続け，そこから極めて創造的な仕事を成し遂げてきた一群の数学者がいたように思われる (もちろん前半についてはカオスの問題などもそのような側面をもつ．が，ここではそれらは除く)．これら数学者たちの共通項は東欧とユダヤのようである．少なくとも Hillel Furstenberg や本書の著者である故 Marc Kac (マーク・カッツ，1914-1984) といった人たちの仕事を読んでいると，それぞれに個性的ながら，直接に証明を辿っているレベルの数学の背後に，そこに貫き通されている何か底知れぬ深い眼差しの

存在を感じざるを得ない．そして，これらの人々の深い諸結果の多くは，陽に陰に，それぞれの対象の中に潜むランダムネスや統計的独立性を看破した結果である．

● 珠玉の 1 冊

> Marc Kac 著
> Statistical Independence in Probability, Analysis and Number Theory
> The Carus Mathematical Monographs Number 12, The Mathematical Association of America
> (distributed by John Wiley and Sons, Inc.)

は，小さめの版の 90 ページ余りで，The Carus Mathematical Monographs というシリーズの趣旨通り，教養プラスアルファ程度の数学で，やさしく書かれた深い数学への入門書である．1959 年に初版が出版されたにも関わらず，現在読んでも生き生きとしていて，その新鮮さは失われていない (ただし，皮肉にも当時のホットな結果に触れた最終章だけはその後の発展を補足したくなる)．個人的な話で恐縮であるが，もう 20 年ばかり前に，ある大学で非常勤講師としてこの本を題材に講義したときには，学生のひとりが就職内定を棒に振って大学院に進学してしまい，また，相前後して東大での全学ゼミナールでこれを読んだ理科三類の学生のひとりは「数学は趣味として続けます」と言い残して医学部に進学したが，風の便りによると，結局，医者の世界から数学の近傍に移って来てしまっているらしい．周辺の方々にはさぞご迷惑をおかけしたことだろうとは思いつつ，それが不思議でないほどに，数学のおもしろさを伝える本である．とくに確率論とはどのようなものかを知りたい読者には一読をお薦めしたい本である．

　M. Kac といえば，"Can one hear the shape of drum?" と題した論文 (あるいは題自身) がもっともよく知られているかもしれないが，数論から解析学，数理物理学，そして統計力学まで広汎な分野で活躍した人である．とく

に確率論においては Kac の公式を知らない人はなく，Feynman の経路積分において，指数部分の作用量積分の前にある虚数単位 $\sqrt{-1}$ を -1 に置き換え，実にしても，非自明なことを看破した人である．また，(散乱理論の関係者を除けば) Rocky Mountain Journal で Kac 以外の人の論文を読んだことのある人は数少ないことだろう．小沢真君もその論文の 1 つ (Probabilistic methods in some problems of scattering theory, 1974) で提起された 3 つの問題の中の 1 つを追究し続けていたのだが，21 世紀を待たずに，1999 年に他界してしまった．その早世が惜しまれる (筆者の Kac に対する理解は彼に負うところが大きく，元気な頃の彼との議論が懐かしく思い出される)．

さらに，Kac という人は数学や物理学での本質のみならず，社会生活の各場面でも本当のことを簡潔に鋭く言い切ってしまう人であったと聞く．数多くの数学の講演の記録の中にも，はっとさせられる文章が散りばめられていることが多い．それらはときに逆説的である．また，ぬるま湯的な共同幻想が彼の一言で打ち砕かれてしまうこともあったという．生存中に彼を招聘するだけの勇気を持ち合わせた日本人がいなかったこともやむを得なかったことらしい．

● 第 1 章，第 2 章から

以下，やさしく書かれた本書における彼の語り口を少し紹介しよう．

第 1 章の表題は From Vieta to the notion of statistical independence であり，まず Vieta の公式 (古典的には，$x = \pi/2$ の場合で，2 と根号の連なった無限積で π を表示する公式)

$$\frac{\sin x}{x} = \prod_{n=1}^{\infty} \cos \frac{x}{2^n}$$

の証明から始まる．

つぎに，実数 $0 \leq t < 1$ の 2 進展開を

$$t = \frac{\varepsilon_1}{2} + \frac{\varepsilon_2}{2^2} + \cdots$$

として，$r_k = 1 - 2\varepsilon_k$ とおくと，

$$(*) \quad 1 - 2t = \frac{r_1}{2} + \frac{r_2}{2^2} + \cdots$$

が成り立つことを注意する．このとき，一方で，

$$\frac{\sin x}{x} = \int_0^1 e^{\sqrt{-1}x(1-2t)} dt$$
$$= \int_0^1 \exp\left(\sqrt{-1}x \sum_{n=1}^\infty \frac{r_n}{2^n}\right) dt,$$

他方，

$$\int_{r_n=1} dt = \int_{r_n=-1} dt = \frac{1}{2}$$

だから，

$$\cos \frac{x}{2^n} = \int_0^1 \exp\left(\sqrt{-1}x \frac{r_n}{2^n}\right) dt.$$

よって，任意の実数 x に対して，次の等式を得る．

$$\int_0^1 \exp\left(\sqrt{-1}x \sum_{n=1}^\infty \frac{r_n}{2^n}\right) dt = \prod_{n=1}^\infty \int_0^1 \exp\left(\sqrt{-1}x \frac{r_n}{2^n}\right) dt.$$

Kac はここから統計的独立性について語り始める．ちなみに，次の第 3 節の表題は An accident or a beginning of something, 第 5 節は Independence and "Independence" である．結論を先取りして現代確率論流にいえば，Rademacher 関数 $r_1, r_2, \cdots$ は，単位区間 $[0,1]$ を確率空間 Ω, ルベーグ測度を確率 P として，値 ± の確率が $1/2$ ずつの独立同分布確率変数列 (つまり，表を 1，裏を -1 で表した公平な硬貨投げの試行結果) を実現している．実際，定義からただちにわかるように，

$$P(r_1 = \delta_1, \cdots, r_n = \delta_n) = \frac{1}{2^n} \quad (\delta_k \in \{-1, 1\}, n \geq 1)$$

である (蛇足ながら，このような例から入れば，確率変数とは確率空間上の関数であるという定義も素直に受け入れられそうである)．

つまり，

Vieta の公式は独立同分布確率変数の和 (∗) に関するフーリエ変換の公式

である．

このような独立性の認識に最初に到達したのは E.Borel であった (1909 年)．第 2 章 Borel and after の第 2 節では，彼の正規数定理つまり最初の大数の強法則を示す．つまり，2 進展開の場合でいえば，

ほとんどすべての t に対して
$$\lim_{n\to\infty} \frac{r_1 + \cdots + r_n}{n} = 0,$$

言い換えれば，

ほとんどすべての t に対して
$$\lim_{n\to\infty} \frac{1}{n}|\{1 \leq k \leq n : \varepsilon_k = 1\}| = \lim_{n\to\infty} \frac{1}{n}|\{1 \leq k \leq n : \varepsilon_k = 0\}| = \frac{1}{2}$$

に証明を与えている．もちろん，Kac は最後に一言付け加わることを忘れない．「絶対的に多数の対象がある性質をもつことを証明することはやさしくても，その実例をひとつも示せないことがよくある．これもその例外ではない．」そして，10 進正規数の実例として Champernowne 数

$$0.12345678910111213141516171819202122\cdots$$

を挙げる．

なお，各節末の問題もひとつひとつ吟味されていて興味深い．たとえば，この節では，Hardy-Littlewood の結果 (1914 年，下の式で log を 1 つだけにした不等式) を問とし，Khintchin の重複対数の法則 (1922 年)

ほとんどすべての t に対して
$$\limsup_{n\to\infty} \frac{|r_1 + \cdots + r_n|}{\sqrt{2n \log \log n}} = 1$$

に言及している．たとえば，Ito-McKean の本のように各問に引用文献がついているわけではないが，それぞれに固有の意味をもつ問題のみを提示するという見識は，言うは易く，実行は書き手の力量次第であるが，やはり大切

なものであろう．

さて，第3節では，公理論的な確率論を紹介し，正規数定理が，その意味での独立性のもとで，大数の法則 (詳しくいえば，弱法則と強法則) として抽象化できることを述べる．現代日本流の数学教育を受けてきたものとしては，「ここで一段落」とほっと一安心する．また，多くの入門書はここで別の話題に移る．が，次の第4節の表題は「What price abstraction?」であり，いきなり抽象化の対価などと言われるといささか面食らってしまう．

この第4節で Kac は，偶然的な細部を捨象して本質に近づくという抽象化の大切さを確認した上で，「Rademacher 関数 $r_k(t)$ は，偶然にも，±1 値の独立確率変数列の実現であったに過ぎず，(証明の中では独立性を積で表す公式ただ1つを用いただけで) 一般的な測度論などを使ったわけでもない」と切り返す．さらに畳みかけて，「抑制なき抽象化」の代償はもっと大きいと警告を発する．ここは原文を引用しておこう．

"For unrestrained abstraction tends also to divert attention from whole areas of application whose very discovery depends on features that the abstract point of view rules out as being accidental."

(Kac は抽象的に哲学を展開する人ではない．したがって，1959 年当時の何か具体的なものに警告を発しているはずであるが，筆者には定かではない．ちなみに，本書にはブルバキという言葉は出てこない．確率論に限定すれば，それは当時の公理論的ポテンシャル論やマルコフ過程の一般論の流れであったのかもしれない．)

続いて，師であり，友人となり，アメリカ移住までの共同研究者であった H.Steinhaus が 1922 年に提起していた問題 (N.Wiener も独立に同じ問題を提起している) が例示される．

問題 $\sum_{k=1}^{\infty} \pm c_k$ が収束する確率を求めよ．ただし，符号は，それぞれ確率 1/2 で，独立に選ぶ．

すでに Rademacher は，数列 c_k が

$$\sum_{k=1}^{\infty} c_k^2 < \infty$$

を満たす場合には，その確率は 1 であること，つまり，問題の級数がほとんど確実に収束することを証明していた．この種の問題を最終的に解決したのは Kolmogorov であり，その証明には独立性のみを用いればよい (それはそれで簡潔で明快な証明である)．しかし，Kac はここで Rademacher 関数の特性を用いた Paley と Zygmund による美しい証明の紹介を始める．その証明の論拠は 2 つだけで，ひとつは Riesz-Fischer の定理

$\sum a_k^2 < \infty$ で，$\phi_1(t), \phi_2(t), \cdots$ が集合 E 上の正規直交系をなせば，$\sum a_k \phi_k(t)$ は L^2 収束する

であり，もうひとつは，微分積分学の基本定理 (の高級版)

$\int_0^1 |f(t)|dt < \infty$ のとき，ほとんどすべての t に対して，$a_n < t < b_n, \lim a_n = \lim b_n = t$ ならば

$$\lim_{n \to \infty} \frac{1}{b_n - a_n} \int_{a_n}^{b_n} f(s)ds = f(t)$$

である．

その証明は確かに美しく，まさに関数解析のエッセンスの生きた適用例である．もう 30 年ほど前，旧ソ連圏のある街で，ある人に数学書のある本屋に案内してもらった折に，たまたまロシア語訳を見つけて思わず手に取ってみた途端に，「Yosida の "Functional Analysis" はもっとも多くの国で翻訳されたベストセラーのひとつだが，その理由を知っているか」と訊かれたことがあった．良くまとめられた本だからといったレベルで応えたところ，してやったりと返ってきた言葉は，「その本は実にユニークな本だ．関数解析だけを抽出してまとめて書いた本は他に例を見ない」であった．H.P.McKean なども，Dym-McKean の教科書は名著であるが，「自分は『フーリエ解析』などという講義をしたことはない，『熱方程式』ならばあるが」とある人に言っ

たそうである．しかし，たとえば，コルモゴロフ＝フォーミンの『関数解析の基礎』も，第 2 版の頃までの簡潔な透明感は薄められ，版を重ねるごとに Yosida の類書に近くなってしまった．

さて，本題に戻ろう．残る問題は，
$$\sum_{k=1}^{\infty} c_k^2 = \infty$$
の場合である．さらに，
$$\lim_{n \to \infty} c_n = 0$$
と仮定しよう (そうでなければ，問題の級数が確率 1 で発散するのは明らかである)．Rademacher 関数の性質を利用したちょっと洒落た議論から，もし，和
$$g(t) = \sum c_k r_k(t)$$
は，正の確率で収束していれば，ほとんどいたる所収束することがわかる (つまるところ，2 進変換のエルゴード性)．証明の残りは簡単である．

まず，$\sum c_k^2 = \infty$ と $c_n \to 0$ および無限積の性質から，$\lambda \neq 0$ のとき，
$$\int \exp(i\lambda g(t))dt = \lim_{n \to \infty} \int \exp(i\lambda \sum_{k=1}^{n} c_k r_k(t))dt$$
$$= \lim_{n \to \infty} \prod_{k=1}^{n} \cos(\lambda c_k) = 0.$$

一方，$\exp i\lambda g(t)$ は有界可測関数だから，ルベーグの有界収束定理により，
$$\lim_{\lambda \to 0} \int \exp(i\lambda g(t))dt = 1.$$

すると，$0 = 1$ となり，矛盾が生じる．つまり，極限 $g(t)$ の存在しない確率が 1 である．

このような見事な二律背反 (あるいは，0-1 法則) は，よくあることではあるが，確率論の醍醐味のひとつである．ちなみに，可測関数の場合に，関数等式

$$f(x+y) = f(x) + f(y)$$

から

$$f(x) = cx$$

を示したのも Kac であり，この証明の後半部分は上の証明と同質である．

● 第 3 章，第 4 章，第 5 章

さて，第 3 章以後が本書のハイライトであるが，語り口の紹介はこのくらいにして，簡単にその内容を紹介するに留めよう．

第 3 章は中心極限定理 (Kac は正規法則 (normal law) とよんでいる) で，独立確率変数列の場合について一通り触れた後，本題の長時間平均 (long time average) の場合に話を進める．ここで，実変数関数 $f(t)$ の長時間平均とは，

$$M[f] = \lim_{T \to \infty} \frac{1}{2T} \int_{-T}^{T} f(t) dt$$

であり，少なくとも $f(t)$ が周期関数や概周期関数の場合にはこの極限は存在する．しかし，$M[\cdot]$ は確率測度に関する平均 (mean) ではない．この長時間平均に関して，実数 $\lambda_1, \lambda_2, \cdots$ が (有理数体上で) 線型独立なときに，"中心極限定理"

$$\lim_{n \to \infty} M\left[\exp\left(i\xi\sqrt{2}\frac{\cos\lambda_1 t + \cdots + \cos\lambda_n t}{\sqrt{n}}\right)\right] = \exp\left(-\frac{\xi^2}{2}\right)$$

が成り立つことを Kac は示す．要は，$\cos\lambda_k t$ が統計的に独立ということにある．

線型独立な実数列 λ_k の代表格は，おそらく，素数 $p_1, p_2, \cdots$ から作った

$$\lambda_k = \log p_k$$

であろう．また，統計的独立性が保証される例としては間隙級数 ($\lambda_{k+1}/\lambda_k > q, q > 1$) がよく知られており，$q$ が大きいほど独立性が強い．これらの話や時系列解析などに馴染みがある読者は多くのものを本書から読みとれること

と思う．ついでながら，Steinhaus と Kac の一連の共著論文を眺めていると，彼らが Kolmogorov の定式化に満足せず，数学の地肌に触れるような世界の中にランダムネスを読みとり，それがもたらす数学を追究し続けていたことが伝わってくる．第 2 次世界大戦を予兆する暗雲が立ちこめ，Kac が渡米するまでのことであったが．

第 4 章 "Primes play a game of chance"（「素数は賽を振る」とでも訳せばよいのだろうか）は，まさに圧巻で，数論の初歩を準備してから，離散的な場合の長時間平均

$$M[f] = \lim_{N\to\infty} \frac{1}{N} \sum_{n=1}^{N} f(n)$$

に関して "素数は統計的に独立" であることを示し，素数の分布などを論じている．ここは，読書の楽しみを損なわないために，これ以上は触れないことにする．

最後の第 5 章では，熱力学の第 2 法則を気体分子運動論から証明しようとした "ボルツマンの夢" を巡る論争とエルゴード仮説誕生の経緯，そしてエルゴード定理 (Birkhoff の個別エルゴード定理) について述べ，最後に，連分数展開の係数の相乗平均に関する極限定理 (Khintchin 1935) を取り上げ，エルゴード定理を用いた見事な（筆者も血が踊るような興奮を覚えた記憶がある）証明 (Ryll-Nardzewski 1951) を紹介して締めくくっている（手元の第 4 版では最後に括弧付きのページ [94] を設けて，実はその核心部分の証明は K.Knopp によることが短い弁明とともに付記されている）．

この章もエルゴード定理に至るまでの数学的抽象化の過程と，その具体的な数論の問題への適用例を示していて，多くの読者には十分に読み応えがあると思われる．しかし，最後の章の題材となっていることから容易に想像がつくように，この辺りの数学は当時のホットな話題であった．それだけに，1950 年代半ば以後，Kac 自身の仕事も含めて大きく進展しており，いま読むと若干のもどかしさを感じる．もしも彼が晩年に本書の改訂版を考えていたとしたならば，どのようにものになっただろうかと，つい，あれこれと想像を巡らしてしまう．しかし，検討した結果，結局は少し手を入れ，数学の

一場面として位置づけを変えただけで，この章をこのままに活かしたかもしれないとも思えてくる．

● 新鮮な驚き

　以上が本書の概要である．Mark Kac らしさのある側面を少し強調しすぎてしまったかもしれない．おそらく本誌の読者の中には，その「らしさ」の部分に興味を持たれる方々も多いことだろう．一方，幸か不幸か，学生諸君のほとんどは，少なくとも初読の際は，そのような少々捻って凝った文章の多い部分は読み飛ばして，(狭義の) 数学の部分だけを読んでくれる．それでも，日常触れる講義や教科書ではあまり遭遇したことのない新鮮な驚きを感じ取ることができるようである．久しぶりに本書を読み返してみると，何か元気が出てきて，その語り口の見事さにあらためて感服すると同時に，講義などで何か忙しなく，一通りの'理論'を教えるだけに終わり，じっくりと対象を見つめ，ゆっくりとそれぞれに固有の中身を語ることの少ない未熟さを痛感させられる．振り返ってみると，Furstenberg も Kac も抽象的な理論を作らない人であった．しかし，彼らのいくつかの論文は確実に，彼らが見たものをその後の人々に伝え，啓発し，それぞれにひとつの流れを生み出してきている．

　最後に，Kac としては軽いジョークをやや恣意的な形で引用しておこう．
「われわれは数学的真空の中にいるのではない．」(第 2 章第 4 節)

(『数学のたのしみ』第 26 号，2001 年 8 月から再録．)

補遺：用語の解説と補足

 本書は，著者マーク・カッツが十分に練り上げて完成した珠玉のような作品であり，訳者注の類のものを付け加えるのは，蛇足でしかない．しかし，原著の刊行から 50 年の時を隔てており，読者の参考になることもあるかと思い，言葉遣いやその後の発展などについて，監修者として，用語毎に少し書き加える．

・まえがき・
統計的独立性

 線形独立 (linearly independent) は知っていても，統計的独立 (statistically independent) という言い方には (とくに日本では) なじみのない読者も多いことと思う．この言葉は現在，狭義には，確率変数などの独立性を指す．しかし，本書における著者マーク・カッツの視野は広く，それに留まらず，いわゆる長時間平均に関する統計的独立性も主要な位置を占め，「独立性の概念の救出」を試みることになる．とくに，素数の統計的独立性という視点からの展開には，こころ弾むものがある．

ルヴフ市とルヴフ学派

 ルヴフは，現在のウクライナ共和国西部のリヴィウ，オーストリア帝国時代のレンベルグである．1256 年に建設，また大学の創設は 1661 年に遡るといわれる．第 1 次世界大戦後のポーランドの再興から第 2 次世界大戦開戦までの約 20 年間，ルヴフは，ポーランド数学の一大拠点となった．ルヴフ学派はバナッハ (Stefan Banach 1892-1945) とシュタインハウス (Hugo Steinhaus 1887-1972) が中核となって形成され，その数学の輝きには驚嘆すべきものである．(たとえば，志賀浩二著『無限からの光芒』，R. カウジャー著『バナッ

ハとポーランド数学』参照．）

独立な関数

シュタインハウスは，硬貨投げに関する自身の研究 (1923) をもとにして，一般に，単位区間 $[0,1]$ 上の関数 $f_1(t),\cdots,f_n(t)$ の独立性を定義し，カッツの研究テーマとして薦めたという．その定義は，これらの関数を，確率空間 $[0,1]$ の上で定義された確率変数と見れば，現在の独立性の定義と同じである．1935 年にカッツは，特性関数を考えれば，この条件は，

$$\int_0^1 \big(\prod_{k=1}^n \exp(i\xi f_k(t))\big)dt = \prod_{k=1}^n \big(\int_0^1 \exp(i\xi f_k(t))dt\big)$$

つまり，「積の積分が積分の積」(1,2 節参照) となることと同値であることを認識して，一気に研究が進展した．その過程の 1936 年に博士号を取得している．

自叙伝的ノート

カッツの主要論文を網羅した『選集』の巻頭に本人による「自叙伝的ノート」が付されている．著者紹介にも触れたように，そこには本書の執筆に至るまで時期の '数学的遍歴' についても触れられている．

・第 1 章・
ヴィエトの公式

1.1 節　古典的なヴィエトの公式は，円周率 π を無限積で表す公式として知られ，その数値計算にも利用された．'代数学の父' といわれるフランス人ヴィエト (François Viète 1540-1603) は，ラテン名でヴィエタ (Franciscus Vieta) とよばれることも多い．

なお，人名の読みはその出自や経歴もあって難しいものがある．たとえば，ラーデマヒェル (Hans Adplph Rademacher 1892-1969) は，1934 年にドイツからアメリカに移住した人であり，ラーデマッハーと表記されることも多い．また，チェビシェフの不等式のチェビシェフ (Pafnutii L'vovich Chebyshev

1821-1894) も慣用に従ったが，もしロシア語の発音通りに表記すればチェビショーフであり，独仏語ではそれぞれ，Tschebyscheff, Tchebycheff と本人自身が綴っている．

ついでながら，都市名「ルヴフ (Lwów)」はポーランド語に従って表記したが，英語では，ルヴィフ (Lviv) または原著の表記のルヴォフ (Lvov)，現代のウクライナ語ではリヴィウ (Львив)，ロシア語ではリヴォフ (Львов)，さらに，古い都市であるのでラテン名レオポリス (Leopolis) もあり，ドイツ語ではレンベルグ (Lemberg) となり，「ヴ，ヴィ，ヴォ」は「ブ，ビ，ボ」と表記されることも多く，悩ましい限りである．しかし，いずれも 'ライオン' に由来することに変わりはない．なお，最近のネット検索では，ほぼどのラテン文字表記で入力しても自動的に該当項目ヒットしてくれるようで，(正しい場合には！) 大いに助かる．

偶然

1.3 節　不思議で魅惑的なヴィエトの公式は，偶然の出来事 (accident)，つまり正弦関数 sin というものに特有な無限積表示であり，**偶発的 (accidental)** に成り立つ等式のように見える．その偶然から始めて統計的独立性を説き起こすというカッツの着想と語り口は見事なものとしか言いようがない．

測度

1.4 節　この用語に初めて出合った読者は，とりあえずは，長さや面積や体積などの概念が現代数学では一般化され，測度と総称されているとだけ理解して，読み進んでいただきたい．第 2 章 2.3 節には，測度とはどのような要請をみたすべきものかについて説明があり，その後，ルベーグ測度論・積分論では，どのような定理がどのように有用であるかについて，具体的に意味のある実例を通して学べることになる．

集合論やルベーグ測度論は，現代数学に必須のものであるが，それぞれに数学を本格的に学ぼうと志すものが乗り越えるべき高い壁の 1 つである．その理由は，それまでに学んできた数学の考え方と異質な "思想性" をもち，学

び手側に発想の転換が必要となるためのように思われる．その思想そのものに興味のある読者には，ルベーグの原著 (日本語訳『ルベーグ　積分・長さおよび面積』(現代数学の系譜 3)，共立出版) を一読することを薦めたい．その後，無限次元空間やフラクタル集合の上での解析にまで活用されることになった彼の思想に，当時主流だった数学者たちの多くは露骨に違和感を示したという．

他方，実用主義的に使い手の立場に徹するならば，その意味と使い方を本当に修得しなければならない基本定理は，片手で数えられる程度であり，その大半は実例を通して本書で出合うことになる．

曖昧な／きちんとした (定義)

本書では，「曖昧に定義された概念」と「きちんと定義された概念」が随所で対比されている．ここで，「曖昧な」は vague の訳であり，直感的であるが，漠然としたものを指す．また，「きちんと定義されている」は well-defined をこう訳してみたものであり，数学的な (抽象化・一般化された) 枠組みの中で整合的に「うまく定義できている」という意味である．

本文では，言明という言葉がしばしば用いられている．これは statement の訳語であり，(数学的内容を) きちんと明確に述べた文を指す．

「きちんと定義」されているための最低の必要条件は，論理的な整合性・無矛盾性であるが，それだけでは空虚な'抽象的たわごと' (abstract nonsense) となり，「数学的真空」(mathematical vacuum) に陥ることも多く，もちろん十分条件ではない．

積分順序の交換

ルベーグ積分論においては，積分の順序交換などを保証してくれる一般的な定理があり，フビニの定理という．ルベーグ積分は定義が難しい分だけ定理は簡明になることが多く，その仮定は，2 変数の関数 $f(x,y)$ が**絶対可積分** (つまり，絶対値 $|f(x,y)|$ が積分可能) なことだけである．なお，少し意外に見えるかもしれないが，第 2 章の定理 ((2.2.10) 式) もそのフビニの定理

の系である．

　他方，リーマン積分の定義はよりやさしく，有界で連続な関数の範囲で扱う限り，極めて簡単で強力である．しかし，それ以上に踏み込もうとすると，リーマン積分論は急に難しく技巧的になり，ふつう大学での講義や教科書では避けて通る (例外は，スピヴァック著／斎藤正彦訳『多変数の解析学』東京図書)．

自明

　英語は trivial である．ときに日常よく使う「つまらない」「取るに足らない」の意味になることもあるが，数学用語としてのこの訳語は的を射ており，「自ずと (＝論証や説明をするまでもなく) 明らかな」の意味である．したがって，たとえば，「自明な例」はもっとも簡単な例を指し，「証明が自明」は，証明が簡単で述べる必要もないことを意味する．

　しかし，何が簡単かは受け手の準備状況で決まる．もし読者が少しレベルの高い数学書に果敢に挑戦して，第 1 章にある「自明」が自明であると納得できなければ，鵜呑みにせず，もう少し基礎を固めてから再挑戦することを薦めたい．

　ちなみに，trivial は trivium(原義は三叉路) の形容詞形であり，中世欧州の大学においては，入門コース trivium (「三科」＝文法・修辞・論理) の後に quadrivium (「四科」＝天文・算術・幾何・音楽) に進んだという．これらを合わせたものが，いわゆる「自由七科」である．trivial はそこに由来する言葉のようで，「数理の前に言葉ありき」と解釈すると，なかなか示唆的である．蛇足ついでにいえば，trivium の複数形 trivia には雑学の意味にもなる．

ほとんど (すべて・いたる所)／測度零

　本文を読み進めばわかるように記述されているが，「集合 A のほとんどすべての点に対して」「集合 A の上でほとんどいたる所で」「集合 A の上で，測度零の部分集合を除いて」の 3 つは同義語である．

　ルベーグ測度では可算加法性が仮定されているので，たとえば，有理数全

体は測度零となり，ほとんどすべての実数というとき，有理数は念頭にないことになる．

なお，この「ほとんどすべて」のように一見したところ日常語のように見える専門用語は要注意で，どこかの分野の専門用語であることを察知できれば，しかるべき辞書・辞典に当たるなどして容易に正しい理解に導かれる．しかし，気付かないと，しばしば誤解や誤訳のもととなる．たとえば，"直接的生産物"(direct product ＝直積) などは，知る人ぞ知る "名誤訳" の例である．とくに，ネット上では，この種の誤解や誤訳が (ときに誤読も) 横行しており，出所の信頼度を察知する勘と知恵が必要となる．

チェビシェフの不等式

狭義には，確率変数の 2 次モーメントを用いて遠方での確率を評価する不等式である．しかし，このアイデアは容易に一般化され，とくに，指数関数を用いて評価できれば，遠方での確率が指数関数的に減衰することがわかる．

正規数の例

この例は，チャンパノウン数とよばれている (D.G.Champernowne, J.London Math. Soc. 1933)．10 進正規数であることを示すだけならば，証明はそれほど難しくはない．

しかし，正規数の具体例の発見は極めて難しい課題で，その後 50 年間に本質的な進展はない．

他方，もし正規数が与えられれば，それから真の乱数を作ることができる．それは無理難題としても，よい疑似乱数を作ることは，とくに現在，たとえば積分の数値計算におけるモンテ・カルロ法などへの応用に留まらず，広い応用をもつ極めて重要な課題となっている．

ベルシュタイン多項式

ワイエルシュトラスの定理 (多項式近似定理) は，現在では，一般化され，抽象的な形で証明されることも多いが，本文で述べられているように，ベルンシュタイン (Sergei Natanovich Bernstein 1880–1968) は大数の弱法則を応

用して，硬貨投げをもとに多項式を具体的に構成して，その証明を与えた．

その簡潔な証明は，高木貞治の名著『解析概論』にも述べられているが，残念ながら，大数の法則という背景には触れられていない．なお，この定理は先ずフーリエ級数を用いて証明されたが，少し技巧的である (たとえば，高橋陽一郎『実関数とフーリエ解析』岩波書店　参照).

確率変数の定義

確率変数 (random variable) は，歴史的には，確率変動量と訳された時代もあり，ランダム量・確率量 (random quantity)，偶然 (変動) 量 (chance variable) などとほぼ同義語として，直感的で曖昧な形で使われ，それなりに定着していた言葉であった．1930 年代にコルモゴロフにより現代数学の概念として整備されたとき，(確率空間の上で定義された) 可測「関数」が確率「変数」と定義されることになった．言葉遣いの側面だけから見れば，「取りかえしのつかない」(本文) ちぐはぐなものであるが，科学者は歴史を書き換えないものであろう．

しかし，確率微分方程式の創始者伊藤清 (1914–2008) は，若い頃，この定義を知ってようやく，2 つの確率変数 X, Y の和 $X + Y$ の意味が理解できたと晩年に回顧されていた．

間隙

正の実数列 λ_n は，ある定数 $q > 1$ に対して $\lambda_{n+1}/\lambda_n > q$ が成り立つとき，(アダマールの意味で) 間隙 (gap) をもつといい，そのとき，$\sum_{n=1}^{\infty} c_n \sin \lambda_n x$ のような形の級数を間隙級数 (gap series) という．間隙のあるとき，$\sin \lambda_n x$ は，あたかも独立変数列であるかのような諸性質をもち，現在でもその一般化や精密化が進んでいるが，ともかく不思議なことである．

0-1 法則

ある種の条件をみたす事象に対しては，その起こる確率が 0 または 1 のどちらかになるという二律背反が成り立つことがある．その総称が 0-1 法則

(0-1 law) である．

たとえば，独立で同分布の確率変数列 X_n について，どのような有限個の X_n の入れ替えても不変な事象は 0-1 法則をみたす．大数の強法則は，これから導くこともできる．

0-1 法則は，測度論的な確率論が確立されて初めて明確に認識されるようになった法則性であり，コルモゴロフに始まる．2.5 節では，微妙な言い回しながら，シュタインハウスが既に 1920 年代にその認識に肉薄していたことが述べられている．

$\log \log n$

対数の対数を重複対数 (iterated logarithm) といい，2.3 節の問題 12 の後の注に述べられている大数の強法則の精密化は，ヒンチンの**重複対数の法則**とよばれる．

対数関数 $\log n$ の値は，n が大きくなるとき，n 自身や n の多項式と比べて，ゆっくり増大する．くり返し対数をとった重複対数の増大の仕方はは，さらに遅くなる．

なお，2 つの関数は，増大 (または減少) の仕方が同じ程度のとき，同じ**オーダー**であるという．ここで，同じ程度とは，一方が他方の定数倍で上下から抑えられることをいう．また，節に現れる記号 $O(\cdot)$ は，しばしばランダウの記号とよばれるものである．

・第 3 章・
正規法則

確率変数についてその分布を法則ということがあり，その意味では，正規法則 (normal law) は正規分布のことになる．しかし，本書では，極限定理としての正規法則を指すと理解してよいであろう．歴史的には，ガウスの誤差論に因み，正規法則をガウス法則ともいう．なお，正規分布は，現在の数学では，多次元や無限次元にも拡張され，ふつう**ガウス分布** (Gaussian distribution) とよぶ．

正規法則は，現在では，**中心極限定理**とよぶことが多いが，確率分布に関する普遍的な極限法則の代表例である．独立で同じ分布に従う確率変数列 X_n については，その分布が 2 次モーメントをもつ限り (その分布の詳細には依らず)，和 $X_1 + \cdots + X_n$ から平均を差し引いて $\sqrt{n}$ で割るという尺度変換をして規格化したものの分布は，$n \to \infty$ のとき，ガウス分布に収束し，その分散は元の分布の分散に等しい．

歴史的な経緯から，硬貨投げに対する正規法則はド・モアヴルの定理．有限個の値をとる確率変数の場合に拡張したものは，ド・モアヴル–ラプラスの定理ということもある．中心極限定理は，独立性の仮定を緩めたさまざまな一般化がなされているが，現在では，2 乗可積分なマルチンゲールに対して定式化された中心極限定理がもっとも一般的な形と認識されており，統計学などでも応用されている．

なお，2 次モーメントをもたない場合も然るべき尺度変換のもとで成り立つ極限法則があり，安定法則と総称されている．しかし，普遍性は減退して，'細分化' が必要となる．通常，α で表わすパラメタ ($0 < \alpha \leq 2$) を付けて，α 安定分布という．

しかし，正規法則は，きちんと定義された世界のみならず，数論における統計的独立性からも導けることをカッツは高らかに謳っている．

ワイルの一様分布定理

定角度で円周を回転させる変換をワイル変換という．通常，円周の長さを 1 として，円周上に座標を入れ，x を $x + \alpha$ の小数部分に対応させる変換として記述する．このとき，α が有理数ならば，その軌道はすべて周期的となる．また，α が無理数ならば，すべての軌道は非周期的で，円周上に一様に分布することになる．これがワイルの一様分布定理である．ワイル変換は，自然に，多次元トーラス (一般にはコンパクト可換群) の上の回転の場合にも拡張されている．

非通約的

比 $\lambda_1 : \lambda_2$ について，値が整数比に等しいとき，通約可能 (commensurabale) または通約的 (commensurate) といい，そうでないとき，通約不能または非通約的という．

ここでは，実数 $\lambda_1, \cdots, \lambda_n$ について，(有理数体上) 線形独立なことを，非通約的 (incommensurate) と言っている．

なお，物理的には，2 種類の原子が 1 次元的に並ぶとき，それぞれに固有の結晶間隔が通約可能か不能かに応じて，結晶になるか準結晶になるかが決まり，物性が転移することがある．このような相転移は，1980 年代以後，着目され，commensurate/incommensurate 転移と (しばしば，コメ／インコメ転移という略称で) よばれている．

分布関数

原著では，分布関数を $\sigma_n(\omega) = \mu\{f_n(t) < \omega\}$ と定義し，3° は「左連続」としているが，現在の慣習に従い，分布関数は右連続とした．

なお，実直線上の測度 μ に関しては，μ についての積分は，その分布関数 σ についてのスチルチェス積分である．

また，実数値の確率変数は，その分布関数の逆関数を用いれば，つねに，確率空間を単位区間 $[0,1]$ として実現できる (3.4 節参照)．

可算加法性

原著では完全加法的 (completely additive) であるが，現在ではより明示的に，可算加法的 (countably additive) というほうがふつうである．なお，伝統的に，有限和と加算無限和をそれぞれ記号 s, σ を用いて指し示すことがあり，その用法のもとでは，σ 加法的という．

確率空間の上の測度に可算加法性を要請したことにより，n 毎の確率の情報から $n \to \infty$ での極限の確率を求めることが可能となる．そのためには，カッツ流にいえば，ある簡明な観察が必要なだけで，それは**ボレル–カンテリの補題**とよばれている．

ベッセル関数

ベッセル関数になじみのない読者も多いかもしれないが，本書で用いられるのは 0 次のベッセル関数のみであり，(3.5.41) の第 2 の等号は定義の 1 つである．

相対測度と平均値

3.5 節で定義されている「関数の平均値 (mean value)」は，長時間平均 (long time average) とよばれることも多い．また，4.1 節の「密度 (density)」は相対密度 (relative density) ということも多い．たとえば，分布関数が密度 (関数) をもつなどというときの密度と区別するためである．

いずれにしても，可算加法的な確率に関する平均のように，現代流の数学の枠組み内にある用語は確定しているが，そこからはみ出た用語は，それぞれの歴史的な背景もあって，必ずしも統一されているとは限らない．ただし，確率変数の平均はしばしば (数学的) 期待値ともよばれるが，カッツは，期待値 (expectation) という言葉を意識的に避けているように思われる．

決定論と非決定論の宥和可能性

決定論的な力学系に非決定論的なものが内在することは，1960 年代以後，生態系や流体などで実験的に観察されてことを契機に，力学系のカオスの問題として，1980 年前後から数学的に大きな進展を見せた．現在では，工学や経済学を始めとして広範な分野で応用されている．

第 5 章で論じられている連分数変換もその例であるが，カオス力学系のもっとも簡単な例と現在認識されているのは，少々皮肉な成り行きであるが，2.2 節の問題 3 で取り上げられていた保測変換 $T_p(t)$ である．これは $p = 1/2$ のとき，2 進展開係数を計算するアルゴリズムを与える．これを見直してみれば，この決定論的な力学系には非決定論的な公平な硬貨投げが内在していることになる．また，連分数において展開係数の積に関する"驚くべき結果"(5.5.36) は，今流にいえば，リャプノフ指数が具体的に最初に計算された非自明な例であった．

しかし，カッツが存命中に，この宥和が実現したと認識するに至ったか否かは，もはや知る由がない．

・第 4 章・
素数は賽を振る
第 4 章の原題は "Primes play a game of chance" である．当然ながら，量子力学における不確定性原理に異を唱えた A. アインシュタインの有名な言葉「神は賽を振らない」を踏まえたものと推測され，訳もその訳に習った．

解析数論において伝統的な大きな課題の 1 つは，素数の分布の問題であり，本章では，「素数は賽を振る」という単純な発想から生まれた発展が語られている．その後，精密化や一般化がなされ，その後，新たな簡明な着想からの展開もあるが，それをここに記すのは蛇足であろう．

記号 "|"
記号 $p|n$ は，整数 p, n について n が p で割れる（割り切れる）ことを表す．このことは，n が p の倍数であると言い換えても，また，$n \equiv 0 \mod p$ とも同値である．

・第 5 章・
力学／運動論／動力学／力学系理論
第 5 章の原題を直訳すれば，「運動論 (kinetic theory) から連分数展開へ」であるが，わかりやすいように気体分子運動論とした．古典力学や量子力学，統計力学などにおける力学 (mechanics) はともかくとして，動力学 (dynamics) と運動学 (kinetics) の使い分けは微妙なところがあり，さらに，数学用語としての力学系 (dynamical system) との区別も要注意である．

エントロピー増大則とボルツマンの H 定理
本書で触れられていないことであるが，熱力学の第 2 法則を問題にすれば，熱力学的エントロピーの増大則が思い浮かぶ読者も多いことと思う．また，ボルツマン自身が，非可逆性を示すために，希薄気体に対するボルツマン方

程式を導出し，いわゆる H 定理を証明したこともよく知られている．カッツ自身も 1960 年代には，空間的に一様なボルツマン方程式の研究を行い，その確率論的な意味を明らかにする端緒を開いている．

著者の言うとおり，数学が他分野の成果に依存しつつ発展することの好例でもあるので，エントロピーに関して，以下少し補足する．

H 定理とは，ボルツマン方程式の解に沿って，$H = \int f(x,v) \log f(x,v) dx dv$ が単調増加することである．このボルツマンの H も美しく遠大な理論の一翼を担うことになった．現在では，その影響のほうが広大であるかもしれない．まず，情報理論においてシャノンが伝達文 (message) のもつ情報量の概念を導入した 1948 年の論文では，ボルツマンの H に言及している．ちなみに，伝達文が不公平な硬貨投げの分布に従うとき，その情報量は，$h = -p \log p - q \log q$ であり，とくに $p = 1/2$ のとき $h = \log 2$，つまり，1 ビット (bit) である．

また，そのシャノンの仕事に刺激を受けたコルモゴロフは 1959 年に力学系の不変量として (測度論的) エントロピー (コルモゴロフ–シナイのエントロピーともいう) の概念を導入した．ちなみに，不公平な硬貨投げを力学系とみたとき，そのエントロピーは，上記の h に一致する．その後，このエントロピーは，スペクトルと双璧をなす力学系の基本的な不変量として，膨大な研究がなされ，また，力学系の応用においても必須の概念となる．なお，そのスペクトル理論の概要は，本書に引用されているハルモスの本に記述されている．

さらに，1960 年代以後，平衡系統計力学の数学的理論が開花し，とくに格子系の平衡統計力学における格子点あたりのエントロピーは，平行移動に関する力学系のエントロピー (の多次元版) に他ならず，平衡状態を特徴付けるギブスの変分原理が数学的に定式化されることになった．さらに，その成果は力学系の研究に逆輸入され，豊かな実りをもたらすことになった．カオス力学系の数学的研究は，その成果を踏まえたものであった．

しかし残念ながら，ハミルトン方程式に従う粒子系の希薄気体極限であるボルツマン方程式の導出は，形式的には正当化されるが，詳細にみれば，成

り立たないこと (ボルツマンが導出の際に置いた仮説 (molecular chaos) は正しくないこと) が証明されている．また，情報量，力学系のエントロピー，平衡統計力学のエントロピーなどは，ひとつながりで互いに密接な関係を持つ概念であることが判明した．しかし，これらは，数学的には由緒正しい不変量であるが，それゆえに増大則は成り立つはずはない．したがって，おそらくボルツマンが当初抱いていたであろう期待は裏切られて，熱力学のエントロピーとは異質の概念である．

そうではあるが，熱力学と力学を統合しようというボルツマンたちの夢は，1世紀以上に亘って，人々を鼓舞し，多大な影響を与え続けて，数学や諸科学の発展 (とくに，新分野の誕生) に貢献したことは疑いようのない事実である．

ポアンカレの定理／再帰性と回帰性

「出発点の近くにいくらでも精度よく必ず戻ってくること」は，英語では recurrence というが，日本では，状況に応じて，「再帰性」と「回帰性」の2つに区別して使われている．本書で述べられているポアンカレの定理は，保測変換に関してつねに成立するもので，ポアンカレの再帰性定理とよばれる．しかし，上述の「近くにいくらでも精度よく」は，ふつう出発点との距離に関する言明と読むことができるもので，そのような意味では，ポアンカレの回帰性定理とよばれている．考えている確率空間に距離構造が与えられ，コンパクトな空間であれば，再帰性定理から回帰性定理を導くことができる．

準周期的

当時まだ，準周期的 (quasi-periodic) は，やや曖昧に広い意味で使われていたようであり，現代流に言えば，再帰的 (recurrent) であろう．なお，この言葉は，現在では，(有限次元の) トーラスの上での慣性運動 (つまり，直進運動) の意味に限定して使われることが多い．

相空間

相 (phase) は，気相，液相，固相というときの相であるが，主として数学での用語であり，物理学などではふつう位相という．しかし，位相は，数学では

topology を指す．この言葉遣いのくい違いも，それぞれに定着してしまっており，もはや取りかえしはつきそうにない．なお，物理などでは，複素数値関数が波を表すと考えるとき，その絶対値を振幅，偏角を位相 (phase) という．

ガウスの発散定理の拡張版

日本語ではふつう，ストークスの定理あるいはガウス-ストークスの定理という．なじみ深い定理や公式の名称も地域や時代により異なることがある．なお，ガウスの発散定理は，もちろん彼の磁気の研究と関連して認識されたものである．

正則と特異

5.3 節の "正則" は，等エネルギー曲面の境界が「十分に滑らか」なことを指すとだけ理解して読み進んでいただきたい．

正則 (regular) は，特異 (singular) と対比されて，考えている数学的な枠組みや設定された状況次第で，いろいろな意味となるので注意を要する．敢えて一般的な定義を試みるならば，念頭に置いている一般論の適用範囲内にあるとき，正則であるといい，そうでないとき，特異という．2.2 節の演習問題 11 では，ルベーグ測度に関して密度をもたない測度が特異測度である．

近年では，可能な限り，多義性のある「正則」は避けて，より具体的な用語を用いて，使い分けることが多くなっているが，漠然と包括的に述べたいときは便利な言葉である．

エルゴード

エルゴードは，ギリシャ語のエルゴン ($\varepsilon\rho\gamma o\nu$, 仕事) とホドス ($'o\delta\varnothing\sigma$, 道) からのボルツマンによる造語である．エルゴード仮説 (独 Ergodenhypothese, 英 ergodic hypothesis) という言葉は，その後の研究の発展を反映して，現在では，ボルツマンの使った意味よりは，エルゴード定理の成立という仮説の意味に使われることが多い．

また，「計量推移性」(metrical transitivity) は，位相推移性と対比する言葉であるが，単に「エルゴード性」ということも多い．ただし，エルゴード性

は，より精密化された種々の概念 (たとえば，さまざまな混合性) の総称としても使われることがあるので，計量推移性がもっとも限定的で明示的である．

蛇足ながら，上の metrical (近年では短く metric ということが多い) は，measure の形容詞形である．しかし，距離 (distance) の (抽象的に捉えていうときの) 別称の名詞でもあり，metric space は距離空間である．

エルゴード定理のもっとも短い証明

エルゴード定理は基本的な定理であるが，バーコフ自身の証明は極めて難解である．その証明の改善は，本書の執筆後にも数多く試みられている．次の本にある証明は (簡略化された箇所もあるが) かなり簡潔で素直である．

十時東生著『エルゴード理論入門』(共立出版　1971，復刻版　2009)

なお，1980 年代には，釜江哲朗や Shields のアイデアによる初等的 (で，しかし技巧的) な証明の試みがなされた．(たとえば，M.Keane, The essence of the law of large numbers, in "Algorithms, Fractals and Dynamics, ed. by Y.Takahashi, Prenum Press 1995 を参照されたい．)

系統的な方法

連分数変換に対する不変密度関数は，初期密度関数を 1 として，変換をくり返すとき，どのように変化するかを追跡することによって，見つけることができる．その方法は，原著執筆時には '偶発的' であったかもしれないが，その後，たとえば，β 変換 ($\beta > 1$ 倍して小数部分をとるという変換) の不変測度の研究 (A. レニィ，W. パリー，伊藤俊次–髙橋) を経て，一般化され，現在では，ペロン–フロベニウス作用素の方法として，系統化されている．ガウス–クズミンの方法とよばれた時代もあった．

エルゴード性の証明された物理的な力学系

「力学系に現れる T_t はたいへん複雑で，非常に簡単な幾つかの例」に対してのみしかエルゴード性は証明されていないと，カッツは本文で述べている．悲しいかな，50 年後の現在でも，「非常に簡単な」を除けば，まだ同じ表現で済むかもしれない．しかし，ボルツマンたちの夢はここでも活き続けて

おり，その後，以下のような重要な例が示されている．

1. トーラス上の 2 体問題とシナイの撞球問題

周期的境界条件をもつ直方体 (トーラス) の中を，互いに完全弾性衝突をくり返しながら，慣性運動をしている 2 つの剛体球からなる系を考える．

2 球の重心運動を考えれば，トーラス上の直進運動であり，一方向の壁 (対面と同一視されていることに注意) に衝突した瞬間の位置を順に追えば，ワイル変換 (またはその多次元版) が得られる．したがって，その速度成分が線形独立であれば，重心運動はエルゴード的であることがわかる．

次に，2 球の相対運動において，一方の球の中心の運動を考えると，半径が双方の球の半径の和の球形の障害物の外部で，撞球 (玉突き，ビリヤード) の問題，即ち，障害物の境界で完全弾性反射される質点の直進運動の問題となる．そのとき，質点の運動は，初期速度から決まるある平面の上に拘束されるから，2 次元のトーラスを考えればよい．これが，**シナイの撞球問題**であり，1970 年にそのエルゴード性 (より強く，コルモゴロフ性とよばれる性質) が証明された．

その証明は容易ではないが，障害物により質点が散乱されると考えると，物理的には納得しやすい．

2. 撞球問題

一般に，ある領域内での質点の慣性運動は，その境界で完全弾性 (つまり，入射角と反射角が等しいように) 反射されるとき，撞球問題という．

玉突き (撞球，ビリアード) というゲームは，(ポケットとよばれる"落とし穴"を無視すれば) 長方形内の撞球問題である．このとき，ほとんどすべての軌道は平行四辺形を描くから，エルゴード性は成り立たない．また，撞球台が円や楕円のときの撞球問題についても，その接線の知識があれば容易にわかるように，エルゴード性は成り立たない．一般に，境界が滑らかな凸領域の場合もエルゴード性は期待できない．

ところが，撞球台が'スタジアム'の場合に，撞球問題のエルゴード性がシ

ナイとブニモヴィッチにより検証されたことは衝撃的であった．ここで'スタジアム' とは陸上競技の競技場，いわゆるトラックのことで，その境界が 2 つの半円の両端を 2 本の線分でつないだ連続曲線で囲まれた凸領域を指す．したがって，そのつなぎ目で滑らかではない (C^1 級であるが，C^2 級ではない)．それだけの差から，エルゴード性の成否が分かれるのである．

その証明も容易ではないが，後付けで言えば，凸面鏡だけでなく，焦点距離にさえ配慮すれば，凹面鏡を利用しても光を散乱させることができることがその本質であり，その後，原証明よりは見通しのよい証明が与えられている．

3. 理想気体

ユークリッド空間内に可算無限個の質点が'一様分布'していて，互いに相互作用することなく，慣性運動している系をシナイ–ヴォルヴィスキは**理想気体**とよび，そのエルゴード性を証明した (1970)．ここで，無限粒子の'一様分布'とは，有界領域内での一様分布の極限で，**ポアソン測度**とよばれるものである．各粒子の速度分布は，互いに独立で，同じマクスウェル–ボルツマン分布 (数学的に言えば，ガウス分布) に従うものとする．この理想気体は，ベルヌーイ性とよばれるもっとも強いエルゴード性をもち，平衡過程の場合にも拡張できる (志賀徳造–高橋 1973)．また，無限格子上の調和振動子も，緩い条件のもとで，エルゴード性をもつ．

これらは，形式的には無限個の保存量をもつ完全可積分系であり，そのようなものがエルゴード性をもつことは一見したところでは矛盾のようであるが，その証明は比較的容易である．

無限個の剛体球が完全弾性衝突しながら慣性運動をする系や，相互作用のある系のエルゴード性が検証できれば，エルゴード問題は大きく進展するが，そのような無限粒子からなる力学系の存在すら，(1 次元の強い反発力の場合を除いて) わかっていない極めて難しい問題である．

4. 双曲型の力学系

負曲率空間の測地流の研究は J. アダマールに始まるが，アノーソフ力学

系などの双曲型力学系は，エルゴード性その他の力学系としての性質が数学的に詳しく研究され，さらに精密化，一般化が続けられている．たとえば，アーノルド–アベズ著／吉田耕作訳『古典力学のエルゴード問題』(吉岡書店 1972) は，40 年後の今でも優れた入門書である．

もともとは物理的な系ではないが，現在では，物理系のモデルとして使われることも多い．

なお，著者紹介の参考文献『インタビュー』に名前の出てくるウラム (Stanilaw Ulam 1909-1984) はルヴフの裕福なユダヤ人一家の生まれで，バナッハに師事し，1939 年以後はアメリカに定住したポーランド系の数学者である．1 次元振動子系に関するフェルミ・パスタ・ウラムの実験 (1953 年公表)[4]によりエルゴード仮説の検証を試みたことでも知られる．これは，現在から見れば，カオスの前駆的な研究といえる．また，インタビューアーのファイゲンバウム (Mitchell Feigenbaum, 1944-) は，区間力学系のカオスにおける周期倍化のカスケードを (統計物理における) 臨界現象と捉えることができることに気づき，立証したことで知られる数理物理学者である．[5]

---

[4] よく知られているように，また著者名からも推測できるように，軍事用に開発された最初期の電子計算機による数値実験であった．

[5] 当時はロス・アラモス研究所に所属していた．当人には思うところがあったようで，1983 年に京都で開催された「夏の学校」の折りには，深刻な眼差しで 1 日だけ抜け出してよいかと尋ね，広島の原爆資料館を訪れていた．その後，カッツの後を継いでロックフェラー大学に移籍した．

訳者あとがき

　本原著とともに M. カッツ (Kac をカッツと読むのも) の名を知ったのは，髙橋陽一郎先生の御蔭である．というのも今から 30 余年前，1973 年度秋冬学期東京大学教養学部での全学一般教養ゼミナールの一つとして，先生が開講されたものでの輪読書であったからである．約二十名の学生が出席していたが，数学科に進学する学生は専門科目と時間が重なっていた為か皆無であった．先生にとっては目算違いであったろう．もしも数学科に進学する学生がいたのなら，その影響力は私に及んだそれよりも，はるかに大きかったであろうから．私は翌年度医学部に進学することになっており，同級の川井充君 (現神経内科医) とともに出席して，第 4 章を担当した．最後の章については，先生がバーコフ，ノイマンのエルゴード定理を証明された．当時のコピー，ノートも大切に保存してあるが，当時の技術水準の為か色落ちしてしまい，ほとんど読めないのは残念である．1976 年正月三箇日 (3 日には，高校の同級生 小見佳子さんが NHK ニュー・イヤー・オペラ・コンサートに出演したのを，ともども覚えている) 翻訳し，それを元に改訳したのが本書である．

　髙橋先生が『数学のたのしみ』(第 26 巻，pp.116–121，2001 年 8 月，日本評論社) と『この数学書がおもしろい』(pp.102–105，数学書房，2006 年) に書かれたように，私も本原著の影響をもろに受け，卒業した医学部とは，かけ離れた数学を現在専門としている．しかも本書にもある確率的数論である．本書の魅力と魔性は，上記髙橋先生の書かれたものに尽きるが，訳者として最後に一言言わせてもらいたい．私は本書ほど短い名著に出会ったことはないと．又，確率論は偶然性ばかりでなく，決定論に対しても使える (第 3 章 §5 最終段参照．このことは数学者であっても認識していない人が意外に多い) ことを知った，訳者にとって短いが貴重な本でもある (序文では，測度

論，フーリエ解析の初歩が予備知識として必要と書いてあるが，私も含めて，当時ゼミナールに出席した学生の大部分は，これらの知識を持ち合わせていなかったと思われる．それでも読めたと云うのが名著たる所以でもあろう）．

本訳書を出版する機会を与えて下さった髙橋陽一郎先生，数学書房の横山伸氏に深く感謝したい．又，目が不自由な訳者に代わって，LaTex によるタイプを引き受けて下さった亀之園淳氏にも深く感謝したい．

ちなみに，本書第 2 章に出てくるコルモゴロフの有名な著作『確率論の基礎概念』の訳者の一人，根本伸司先生は，私の高校での恩師であり，山岳部でも御指導賜った．本書は，私の中で特別な地位を占めている本である．

2007 年 10 月 10 日
錦江湾を一望できる地にて． 中嶋眞澄

誰しも若い頃に読んで感激し，鼓舞され，その感動を忘れられない本があるものと思う．教える立場になると，そのような感動を学生たちに伝えたくなるものである．しかし，なかなかうまく伝わらない，伝えられないのが常であるが，稀には自然に伝わることもある．原著はそのような本である．著者自身が 20 歳前後の頃から約 20 年間に辿った数学への出遭いと研究実績に裏打ちされた見事な構想に基づいて，実地の講義も試みた上で書き上げられた名著ゆえのことであろう．そのカッツの原著を「珠玉の一冊」として紹介をしたことがあった．

本書を翻訳することになった契機は，その紹介（『数学のたのしみ』第 26 号，2001 年．本書の付録として再録）の読者からの手紙であった．「学生時代に翻訳を試みた草稿がある．これをもとに翻訳書を出版できないだろうか」という問い合わせであった．その読者とは他ならぬ訳者の中嶋眞澄君であった．また，当時，日本評論社の編集部にいたのが，本書の編集者の横山伸氏であった．

その原稿の最後のほうで「幸か不幸か，学生諸君のほとんどは，…，少々

捻って凝った部分は読み飛ばして，数学の部分だけを読んでくれる」と書いたことも的中していて，証明や文章の細部などへの手入れにとどまらず，結局，その草稿のかなりの部分を書き直すことになった．

原著は，カッツの著作の中では極めて平易な英語に書かれたものであり，批評的な著作にはしばしば現れる"二捻り"以上したような凝った表現，言い換えれば，読者との間で丁々発止の知的な切り結びを楽しむかのような表現はほとんど見当たらない．しかし，深い思索と豊かな表現力に基づく文章を日本語に移す作業は，楽しかったが，考え込まざるを得ないところも多かった．大きな誤訳が残っていなければ幸いである．

また，本書では，読者の参考になればと考え，蛇足ではないかと危惧しつつも，「著者紹介」と「補遺」を付け加えることにした．ご批判いただければ幸いである．第2次世界戦後の日本に生まれ育った者にとって，若き日々を戦争の時代に生きた人々のもつ学問への情熱とその迫力には，改めて圧倒される思いがある．まして，補遺にも触れたようにカッツは本当に「小さな偶然によって命を救われた」経験をもつ研究者であった．

最後に，編集者横山伸氏のご尽力に深く謝意を表する．

2010年7月

髙橋陽一郎

索引

* 練習問題

● ア行

1 径数変換族　　81, 85
1 次独立性 (実数の)　　46, 47
一様分布　　40*
ウィーナー　　25, 45*
ヴィエトの公式　　1–5
ウォルシュ関数　　11*
エルゴード仮説　　84
エルゴード定理　　88, 89
エルデシュ　　61
エルデシュ゠カッツ　　74
オイラー関数 ϕ　　54

● カ行

ガウス　　89
確率の乗法則　　7, 9
確率変数　　23
確率論の香り　　61
可算加法的　　58, 70
間隙級数　　30, 33, 44*
完全数　　63*
ギブス　　79
逆関数　　42, 45*
逆変換公式 (フーリエ変換の)　　63*
偶発的　　24, 30
計量推移的　　87, 88, 90

硬貨投げのモデル　　7, 8, 19
コルモゴロフ　　23, 26, 29

● サ行

辞書　　8, 13, 17
実現　　24
シューアの公式　　58
収束半径　　68, 69
主題と変奏　　i, 61
シュタインハウス　　25
状況証拠　　13
信仰　　10
スターリングの公式　　14, 36
正規数の例　　18
正規直交系　　26
正規法則　　74
積の積分が積分の積となる　　4
絶対可積分　　39, 48
素因数の個数 $\omega(n)$　　64
素因数分解　　47
荘厳な定式化　　10
相対測度　　46
測度　　6, 23
測度零　　21*, 82, 87, 90
素数定理　　75
素数の個数 $\pi(n)$　　72

132

素数は賭けをする　54, 77

●タ行

滞在時間　84
チェビシェフの不等式　14, 18*, 19*, 71
中心極限定理　41*
ツェルメロ　79
筒集合　23
統計的独立性　i, 55
特異　21*
独立　7, 9, 10
独立確率変数　24
独立と「独立」　9

●ナ行

2進展開　2, 5, 10, 11*, 17
任意に小さい周期を持つ　31

●ハ行

バーコフ　86
ハーディ=ラマヌジャン　73, 75
ハーディ=リトルウッド　21*
発見　25
ハミルトンの方程式　81
微分積分学の基本定理　26
ヒンチン　22*, 91
フーリエ (スチルチェス) 変換　42
フォン・ノイマン　86
不足数　63*
2つのサンプル　10
フビニの定理　9
分布関数　42, 45*, 59
平均値 (関数の長時間平均)　46
平方因子　70

ペイリー=ジグムント　26, 30
ベッセル関数　48
ベルヌーイ　14
ベルンシュタイン　19, 20*
ポアンカレ　51, 79, 84, 91*
ボーア　47
保測　81, 85, 91*
ほとんど (すべて／いたる所)　11, 15, 26, 34
ボルツマン　79
ボレル　10, 15, 92

●マ行

マクスウェル　79
マルコフの方法　36, 38, 41
密度　53
メビウス関数 $\mu(d)$　56
面要素　82

●ヤ行

約数の個数　78*
約数の和 $\sigma(n)$　61*
有界収束定理　33
抑制なき抽象化　25
余剰　64
余剰数　63*

●ラ行

ラーデマヒェル　3, 25
ラーデマヒェル関数　3–7, 10, 27, 28
ラプラスの定理　41*
ランダウ　74
ランダウの定理　75
リース=フィッシャーの定理　26
リーマンのゼータ関数　47, 52*

リウヴィル   81
リプシッツ条件   20*
リル=ナルヂェフスキ   91
類比   30
ルベーグ測度(積分)論   16, 24, 32, 33
レヴィ   36
レヌイ   69, 77
連続点   43
ロシュミット   79

●ワ行
ワイエルシュトラスの定理   20*
ワイル   40*

監修者・訳者略歴

髙橋陽一郎
たかはし・よういちろう

1946 年　埼玉県生まれ.
1969 年　東京大学理学部数学科卒業.
現　在　東京大学・京都大学名誉教授. 東京大学特任教授.
主な著書
　『力学と微分方程式』(岩波書店)
　『変化を考える』(東京図書)　など.

中嶋眞澄
なかじま・ますみ

1951 年　茨城県生まれ.
1979 年　東京大学医学部医学科卒業.
現　在　鹿児島国際大学経済学部教授.
主な訳書
　マンテーニャ/スタンリー著『経済物理学入門』(エコノミスト社)
　ナルキェヴィッチ著『素数定理の進展(上)』(シュプリンガー・ジャパン)

カッツとうけいてきどくりつせい
Kac 統計的独立性

2011 年 4 月 15 日　第 1 版第 1 刷発行

著者　　Mark Kac
監修者　髙橋陽一郎
訳者　　髙橋陽一郎・中嶋眞澄
発行者　横山 伸
発行　　有限会社　数学書房
　　　　〒101-0051　東京都千代田区神田神保町1-32-2
　　　　TEL　03-5281-1777
　　　　FAX　03-5281-1778
　　　　mathmath@sugakushobo.co.jp
　　　　http://www.sugakushobo.co.jp
　　　　振替口座　00100-0-372475
印刷
製本　　モリモト印刷
組版　　永石晶子
装幀　　岩崎寿文

ⓒY.Takahashi & M.Nakajima 2011, Printed in Japan
ISBN 978-4-903342-63-4

明解　確率論入門

笠原勇二著／読み物風に気楽に読めることをめざしたが、本格的な教科書を読むためにスムーズに移行できるよう厳密な理論を下敷きとして解説した入門書。A5判・224頁・2100円

整数の分割

G.アンドリュース、K.エリクソン共著、佐藤文広訳／オイラー、ルジャンドル、ラマヌジャン、セルバーグなどが研究発展してきた分野。少ない予備知識でこれほど深い数学が楽しめる話題は他にない。本邦初の入門書。A5判・200頁・2800円

日本の現代数学　　新しい展開をめざして

小川卓克、斎藤毅、中島啓編／若手研究者を中心に12人の数学者が、自分の研究テーマ・分野について過去・現在・未来を語る。四六判・256頁・2700円

ホモロジー代数学

安藤哲哉著／可換環論、代数幾何学、整数論、位相幾何学、代数解析学などで不可欠なホモロジー代数学の待望の本格的解説書。A5判・352頁・4800円

数学書房選書1　力学と微分方程式

山本義隆著／解析学と微分方程式を力学にそくして語り、同時に、力学を、必要とされる解析学と微分方程式の説明をまじえて展開した。これから学ぼう、また学び直そうというかたに。A5判・256頁・2300円

この定理が美しい

数学書房編集部編／「数学は美しい」と感じたことがありますか？　数学者の目に映る美しい定理とはなにか。熱き思いを20名が語る。A5判・208頁・2300円

この数学書がおもしろい

数学書房編集部編／おもしろい本、お薦めの書、思い出の1冊を、41名が紹介。A5判・176頁・1900円

本体価格表示

数学書房